U0160577

· 安洋 编著 ·

Makeup and Hairstyle

新娘化妆造型 技术大全

人民邮电出版社

北 京

图书在版编目（ＣＩＰ）数据

新娘化妆造型技术大全 / 安洋编著. -- 北京 ：人民邮电出版社，2021.9
ISBN 978-7-115-56792-5

Ⅰ．①新… Ⅱ．①安… Ⅲ．①女性－结婚－化妆－造型设计 Ⅳ．①TS974.1

中国版本图书馆CIP数据核字(2021)第130506号

内 容 提 要

本书针对零基础的化妆造型师，从基础知识开始讲解，然后设置实例进行练习，并配有提高技能的部分。全书共 10 章，包括新娘化妆造型核心基础、化妆造型搭配原理及工作要点、化妆造型风格妆容、化妆造型风格造型、平面拍摄整体妆容造型、结婚当日整体妆容造型、结婚当日妆容造型变化流程、中国古典嫁衣妆容造型、新郎和伴娘妆容造型，以及新娘饰品制作技法。书中涉及大量的实际操作案例和作品赏析，风格全面，手法多样，讲解细致且通俗易懂。读者可以通过学习本书，逐渐掌握化妆造型的方法，并最终独立创作具有自己风格的作品。

本书适合初级化妆造型师阅读，同时可作为相关培训机构的教学参考用书。

◆ 编　著　安　洋
　　责任编辑　张玉兰
　　责任印制　马振武

◆ 人民邮电出版社出版发行　　北京市丰台区成寿寺路 11 号
　　邮编　100164　电子邮件　315@ptpress.com.cn
　　网址　https://www.ptpress.com.cn
　　北京盛通印刷股份有限公司印刷

◆ 开本：787×1092　1/16
　　印张：23.75
　　字数：784 千字　　　　　　　　　　2021 年 9 月第 1 版
　　印数：1 – 2 500 册　　　　　　　　2021 年 9 月北京第 1 次印刷

定价：199.00 元
读者服务热线：(010)81055410　印装质量热线：(010)81055316
反盗版热线：(010)81055315
广告经营许可证：京东市监广登字 20170147 号

前言

对于初学者而言，掌握化妆造型的基础知识尤为关键。笔者在多年教学中，接触过很多已经从事化妆造型工作，但对基础知识所知甚少的学生。他们往往会在工作一段时间后发现难以有所突破，基础不够牢固是原因之一。基础知识是化妆造型师入门必须掌握的内容，就像一栋高楼必须有坚实的地基一样。笔者也接触过一些学生，他们有很强的学习兴趣，却追求在短期内快速提升。但常言道"欲速则不达"，知识的储备与积累才最重要。

在编写本书时，笔者所花费的时间比其他书要长很多，因为这本书要从各个角度、各个层面对化妆造型知识进行划分，其包含的内容也非常翔实。本书的编写思路：先入门，讲解基础知识，包括对妆容造型基础的逐层分解及基础技法在妆容与造型中的应用；再精通，即妆容与造型搭配，将各类妆容造型相互结合并进行综合应用；最后讲饰品制作及搭配方面的知识。本书是笔者思路范围内化妆造型师工作中可以用到的相关知识的总结，现在分享给大家。

书籍是学习的辅助工具，笔者编写本书的初衷是帮助读者在化妆造型的道路上走得更好、更远。但仅靠一本书就达到质的飞跃是不太可能的，老师的言传身教及自身的不断学习和积累必不可少。希望书中的内容可以在读者的职业生涯中起到一些辅助作用，这是它存在的意义。

感谢参与本书创作的每一位模特、学生和工作人员。感谢人民邮电出版社的编辑对本书出版的付出，相识多年，感谢一路有你。

目录

第1章
新娘化妆造型核心基础

第2章

新娘化妆造型搭配原理及工作要点

第3章

新娘化妆造型风格妆容解析

第 4 章

新娘化妆造型风格造型解析

第 5 章

平面拍摄整体妆容造型解析

第6章

结婚当日整体妆容造型解析

第7章

结婚当日新娘妆容造型变化流程

第8章

中国古典嫁衣妆容造型

第9章

新郎、伴娘妆容造型

第10章

新娘饰品制作技法

观看视频

微信扫二维码
获得视频观看
方法

1. 灵动唯美新娘造型

2. 田园唯美披纱造型

3. 清新花意披发造型

4. 短发新娘整体妆容造型

5. 新娘高贵层次打卷妆容造型

6. 纹理披发唯美妆容造型

7. 灵动感复古高贵造型

8. 复古波纹层次刘海造型

9. 灵动气质感妆容造型

10. 手推波纹复古气质造型

11.时尚飘逸纹理造型

12.奢华中式新娘造型

13.灵动唯美中式妆容造型

14.花意缤纷新娘造型

15.时尚简约晚礼妆容造型

16.唯美浪漫新娘造型

17.复古高贵手推波纹造型

18.端庄奢华中式新娘妆容造型

19.湿推刘海中式华美造型

20.纹理飞丝新娘妆容造型

21.复古礼帽整体妆容造型

22.新娘灵动飞丝披纱造型

第1章

新娘化妆造型核心基础

新娘化妆造型概述

顾名思义，新娘化妆造型就是在拍摄婚纱照时和婚礼当天为新娘打造的妆容造型。对于结婚这一人生大事而言，很多新娘都很重视，从婚纱照的拍摄、婚纱款式的选择，到酒店的布置等都会追求完美。当然，对于为新娘服务的化妆造型师来说，要根据客人的需求为其打造合适的造型。新娘化妆造型并不仅是简单的色彩涂抹和把头发梳起来，其中还有很多需要化妆造型师掌握的知识。化妆造型师只有将这些知识充分运用起来，才能让妆容造型更加完美。下面我们对新娘化妆造型的相关知识做一个简单的总结。

新娘化妆造型基础知识

化妆造型基础知识包括色彩、脸形、对产品的认知、妆容细节处理和造型的基础手法等内容。基础知识是将整体妆容造型的细节知识点进行拆解，而整体妆容造型就是将这些基础知识组合运用的过程。对于新娘化妆造型师来说，熟练掌握基础知识非常重要。

新娘化妆造型搭配知识

作为新娘化妆造型师，不仅要会化妆、做发型，还要掌握搭配知识，懂得如何根据新娘自身情况选择婚纱、如何搭配饰品等。这些环节处理得当就是锦上添花，而处理不当就会显得妆容造型档次不高。所以，新娘化妆造型师不仅是化妆造型师，还是新娘的整体搭配师。

新娘化妆造型服务技巧

除了掌握化妆造型知识外，新娘化妆造型师的工作方式及沟通能力等也非常关键，就像我们有好的产品，要通过合适的方式将产品的优点让客人知道，进而将产品成功推销出去。有些人本身就具有这样的优势，而先天不足的人可以通过后天的培养得到能力的提升。

平面拍摄新娘化妆造型

平面拍摄新娘化妆造型是指新娘在拍摄婚纱照时的妆容造型，可分为多种风格，如高贵、复古、浪漫……需要注意的是，在打造平面拍摄新娘化妆造型时一般还要考虑到摄影师的拍摄手法及风格，所以需要提前和摄影师沟通好。

古风婚礼新娘妆容造型

古风婚礼新娘妆容造型是指传统风格婚礼的化妆造型，一般这种主题的婚礼的规格比较高，当然对化妆造型师的要求也相对较高。所完成的妆容造型要与婚礼现场的风格相吻合。一般以汉、唐风格为主题的婚礼会比较多，这要求化妆造型师掌握一些历史文化知识。

结婚当日新娘化妆造型

结婚当日新娘化妆造型分为多种风格。与艺术性较强的平面拍摄新娘化妆造型相比，结婚当日新娘妆容造型更加自然，易于被人接受。结婚当日新娘化妆造型对婚礼现场舞台、婚纱风格、新娘自身条件等因素要考虑得更多一些。

新郎、伴娘的妆容造型

除了新娘妆容造型之外，在拍摄婚纱照时和结婚当天都会对新郎进行适当的妆容造型修饰，这样可以使其气色更好，与新娘妆容造型的契合度更高。伴娘一般不会修饰得过于隆重、夸张，否则会喧宾夺主。同样妈妈妆应以得体、自然的感觉为主，尤其是粉底不要涂得过厚，以大地色的眼妆和红润自然的唇妆为宜。

新娘的饰品制作

对于新娘化妆造型师而言，有些风格特别的饰品需要自己制作完成。有时候是对旧饰品进行改造，使其焕发新的生命力；有时候是根据自己的想法制作出与妆容造型相搭配的饰品。

02

五官的标准比例和脸形矫正

五官的标准比例

化妆通常以将别人或自己变美为最终目的。怎样才算美呢？这需要一个标准去衡量。

受遗传等因素的影响，每个人都有自己独特的五官，长得再像的人也会有所区别。大部分人的五官比例都与标准的五官比例存在一定的差异，而化妆造型师要做的是通过妆容让五官更接近标准，使其更美。

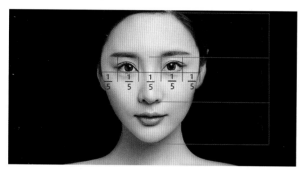
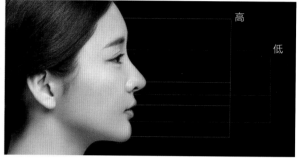

在传统意义上，"三庭五眼"是评价一个人五官标准的基本概念。有的人五官单独看很漂亮，合在一起就不那么好看了；而有的人五官长得一般，合在一起却很耐看，很有气质，这往往取决于五官的比例是否合理。三庭是指面部的长度比例。将前发际线到下巴尖的长度分为3等份，故称"三庭"。上庭指前发际线到眉线部分，中庭指眉线到鼻底线部分，下庭指从鼻底线到下巴尖。每个部分都占面部的1/3。人的面部轮廓正面横向以眼睛为基准形成"五眼"。如果双眼内眼角之间的距离刚好等于一只眼睛的长度，外眼角至鬓侧发际线的长度也刚好等于一只眼睛的长度，在横向形成 1:1:1:1:1 的比例时，就达到了标准。

仅达到三庭五眼的标准还不够，侧面的轮廓对五官的评判同样重要。有高低起伏才能使面部的曲线更优美。额头、鼻尖、唇珠、下巴尖都是微微凸起的；而鼻额的交界处、鼻下人中沟、唇与下巴的交界处都是较低的。

如果五官按以上比例排列，那么五官比例基本趋于标准。不过，眼睛、脸形等因素也至关重要，每一个细微的差别都会改变面部。我们要更深层次地去剖析这些因素，通过化妆的手法去矫正、弥补面部的不足。

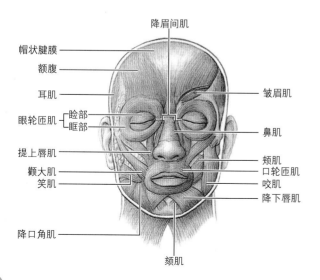
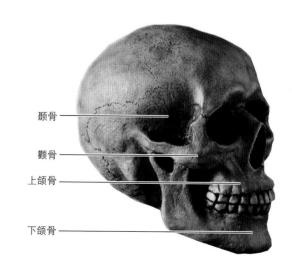

脸形矫正

脸部轮廓的修饰非常重要。在生活中，不是每个人都拥有标准的脸形，但改变脸形的方式有很多种。有些人通过医疗手段来改善脸形，如磨骨、注射肉毒素、去脂肪垫等。这些手段虽然对改善脸形有很大的帮助，但也存在很大的风险，有些脸形问题其实可以通过化妆来矫正。在用化妆矫正之前，首先要明白每种脸形的特点及需要矫正的位置，否则没有办法很好地进行脸形矫正。

浅色有膨胀的视觉效果，深色有收缩的视觉效果。这是穿浅色的服装会比穿深色的服装显得胖的原因。在矫正脸形的时候可以利用这一原理，用暗影膏和浅色粉底对脸形进行矫正。

下面来认识一下各种脸形及其矫正的方法。

椭圆形脸

椭圆形脸又称鹅蛋形脸，是标准的东方美人脸形。脸形饱满圆润且不会显大，基本上不需要矫正。

圆形脸

圆形脸又称娃娃脸。这种脸形比较可爱，但看上去会显得不成熟。对这种脸形进行修饰的时候要适度，不要过分强调立体感，以免与人物的气质产生冲突。

菱形脸

菱形脸又称钻石形脸，上下窄、中间宽。一般在比较宽的位置用暗影膏进行收缩处理，在比较窄的位置用浅于肤色的粉底膏进行提亮修饰。

正三角形脸

正三角形脸上窄下宽，要用浅色粉底对比较窄的位置进行提亮修饰，用暗影膏对较宽的位置进行收缩处理，尽量使脸形的比例协调。

长形脸

长形脸在横向上比较窄。修饰这种脸形时，需要适当用暗影膏修饰额头及下巴的位置，眉毛要平缓，腮红要横向晕染，这样会使脸形看上去有缩短的视觉效果。

瓜子形脸

瓜子形脸比较瘦小，上宽下窄，是近些年来比较受欢迎的一种脸形。这种脸形的缺点是额头的位置比较秃，如果额头两侧发际线比较靠后，则需要用暗影膏适当地进行修饰。

国字形脸

国字形脸的下颌角比较突出，面部线条硬朗，男性化特征比较明显，缺少柔美的感觉。为了削弱这种过于硬朗的感觉，在化妆时需要对过于突出的棱角用暗影膏修饰。

梨形脸

梨形脸上部偏窄、下部偏宽，同时具有面部上下不对称、轮廓不清晰的缺点。用暗影膏与提亮粉底相互结合进行收缩和提亮处理，使脸形更对称，轮廓更清晰。

新娘化妆造型的必备工具与化妆品

化妆刷

　　化妆刷是化妆必备的工具之一，其材质一般有动物毛和纤维两种。相比之下，动物毛的刷子更亲肤，更利于上色；纤维的刷子比较适合做大面积的色块晕染，可用来刷彩绘的油彩。以下是多种不同功能的化妆刷。

扁平口散粉刷

多功能大刷头，刷形扁平。可以用来定妆，也可以蘸取暗影粉，大面积修饰暗影轮廓。

圆形口散粉刷

圆口设计更利于抓粉，用于面部大面积定妆。

火苗头腮红刷

火苗形刷头可以使腮红的晕染更加容易产生深浅变化，更加立体。

精致腮红刷

精致腮红刷可以用来调整腮红的细节或晕染小面积腮红。

松粉刷

松粉刷可以用来清除面部残留的浮粉，以及在化妆的过程中脱落的有色粉末，以免弄脏妆面。也可以用来蘸取定妆粉进行定妆、晕染腮红，作用比较多。

轮廓粉刷

可以用来蘸取暗影粉修饰面部的轮廓，使五官更加立体，也可以作为腮红刷使用。

凹槽粉底液刷

将粉底液滴在凹陷处，然后以移动画圈的手法刷涂粉底液。

标准粉底刷

用来刷粉底液，也可以用来刷涂面部轮廓暗影膏。

精致粉底刷

刷头扁平，刷形比较小，可以使粉底的刷涂更加细致，细节的刷涂更加到位。

粉底抛光刷

在刷涂好粉底液后用来刷涂面部，刷涂掉多余的粉底液，使粉底更加伏贴透亮，注意刷子要在干燥的情况下使用。

扁平口提亮粉刷

可以用来做T字区、V字区、上眼睑、下巴等位置大面积的提亮。

火苗头精致细节提亮刷

可以用来做比较细节的提亮，如提亮眉骨、内眼睑等位置。

宽口细节暗影刷

可以用作鼻侧影粉刷子，也可以用作眼影刷。

窄口细节暗影刷

可以用作鼻翼、唇下等细节位置的暗影粉刷，也可以用作眼影刷。

标准大眼影刷

常用眼影刷刷形，用来晕染面积较大的眼影。

标准眼影刷

常用眼影刷刷形，常规晕染眼影时使用。

精致细节宽短眼影刷

用于加深晕染眼影细节位置。

精致细节细长眼影刷

修长刷形可以晕染内眼角、上下眼睑边缘的位置。

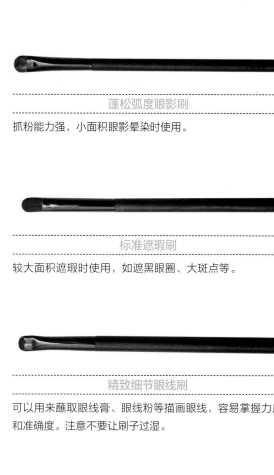

蓬松弧度眼影刷

抓粉能力强，小面积眼影晕染时使用。

无痕细节眼影刷

无痕细节眼影刷的刷毛毛质更加柔软，刷头为圆形，适合用来处理眼影边缘细节的晕染，使边缘过渡得更加柔和、自然。

标准遮瑕刷

较大面积遮瑕时使用，如遮黑眼圈、大斑点等。

细节遮瑕刷

刷头很小，主要用来蘸取粉底进行遮瑕及对妆容进行修饰。

精致细节眼线刷

可以用来蘸取眼线膏、眼线粉等描画眼线，容易掌握力度和准确度。注意不要让刷子过湿。

标准唇刷

唇刷一般毛质较硬，刷头较小，目的是能更好地控制唇的轮廓感及进行细致的描画。

轮廓唇刷

用来描画唇的轮廓，打造饱满的立体唇形，如亚光红唇等。

咬唇刷

用来模糊唇的轮廓，使唇呈现咬唇、接吻唇等特殊唇妆效果。

眉扫

采用斜口设计，用来蘸取眉粉，描画眉形。

眉睫刷

采用双面设计，梳子面用来梳理眉形便于修眉，梳毛面用来清除眉毛内部的残余毛发和杂质。梳子面也可以用来梳理睫毛。

螺旋扫

可以用来清理眉毛中的残粉及睫毛上的浮粉。

彩妆产品及辅助工具

要完成妆容，要先对需使用的产品有一定的了解。下面介绍新娘妆容常用的化妆品和辅助工具。

妆前乳

在打粉底之前，使用妆前乳可以在滋润皮肤的同时调整肤色，并起到保护皮肤和防晒的作用。

提亮液

提亮液可以增加皮肤的光泽度，同时使粉底呈现更加通透的质感。

1. 妆前产品

保湿水

保湿水的作用是锁住皮肤水分，使皮肤更加滋润，利于上妆，使粉底与皮肤更加贴合。

乳液

在使用保湿水之后用乳液会使皮肤得到更好的滋润。

平滑毛孔霜

平滑毛孔霜可以使皮肤质感更加光滑，有利于底妆的伏贴。

2. 底妆系列

粉底液

相对于粉底膏而言，粉底液更加细腻、轻薄。粉底液可以更好地贴合皮肤，表现出皮肤清透的质感。

粉底膏

粉底膏遮瑕效果比较好，浅色的粉底膏可用于局部提亮打底，深色的粉底膏可作为暗影膏使用。粉底膏的细腻程度对妆容的质感影响很大。

遮瑕膏

用来遮盖面部的斑点、瑕疵，也可用于局部调整肤色。

眼袋遮瑕液

一般眼袋遮瑕液有橘色和明黄色两种。在打粉底液之前，可以用遮瑕液对黑眼圈和眼袋进行遮盖。

蜜粉

蜜粉也称定妆粉。蜜粉的色号很多，有嫩粉色、透明色、深肤色、象牙白色、小麦色等，可根据肤色选择合适的蜜粉。

修容膏

用来在定妆前为皮肤做高光和暗影，使妆容呈现更强的立体感。

修容粉

修容粉包括暗影粉和提亮粉。暗影粉用来修饰面颊、下陷的颧骨、鼻根等位置；提亮粉用来提亮鼻梁、眉骨、下眼睑、下巴等位置。

3. 眉眼妆系列

眉粉

眉粉一般有灰色、深棕色、浅棕色等色彩。使用时需要用眉粉刷将其涂刷于眉毛上，主要用来调整眉毛的深浅和宽窄。

眉笔

眉笔一般有深棕色、浅棕色、灰色、黑色等色彩。在表现眉毛的线条感时用眉笔会更合适。

染眉膏

用来给眉毛染色，改变眉毛的颜色。

睫毛膏

睫毛膏的类型比较多样，如浓密型、纤长型、自然型，要根据妆容的需求来选择合适的睫毛膏。睫毛膏比较常用的色彩是黑色和深棕色；也有彩色的睫毛膏，适合打造比较有创意感的妆容。

眼线笔

眼线笔是画眼线的常用工具，用它描画出的眼线，色彩自然而均匀。

眼影

眼影一般分为亚光眼影、珠光眼影等，是打造眼妆的重要产品。

眼线膏

适合表现自然的眼线效果，如烟熏妆中自然晕染开的眼线效果。

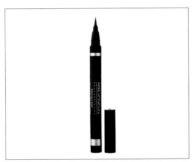

眼线液笔

眼线液笔易上色，描画出的眼线较为流畅、自然，但对手的控制力的要求较高。

4. 唇颊妆系列

腮红

腮红一般有嫩粉色、橘色、玫红色、棕红色等。也有更特别的腮红色彩，主要用来打造一些有创意感的妆容。

唇膏

亚光唇膏主要用来描画立体感强、轮廓清晰的唇形，其特点是有厚重感，比较适合表现以唇为重点的妆容。而光泽感唇膏相对于亚光唇膏而言更莹润亮泽，不那么厚重。

唇彩

唇彩可以使唇看上去更立体、更滋润。在表现可爱的妆容的时候可以用颜色淡雅的唇彩，在表现妖艳的妆容的时候可以使用颜色艳丽的唇彩。

唇釉

唇釉上色性能强，一般用来打造雾面亚光的唇妆效果。

5. 辅助工具

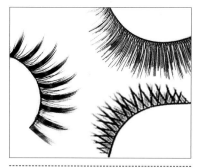

假睫毛

假睫毛的作用一般是使睫毛看上去更加浓密，眼睛更加有神。

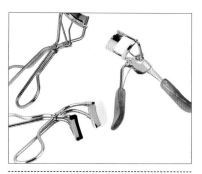

睫毛夹

睫毛夹的作用是将上睫毛夹得自然卷翘，使其呈现更加优美的弧度。比较窄的局部睫毛夹可以用来夹一些不易被夹到的睫毛。

美目贴

将美目贴剪出适当的形状，粘贴在上眼睑合适的位置，可以塑造出双眼皮效果，同时可调整双眼皮的宽窄和改善两眼不对称的情况。

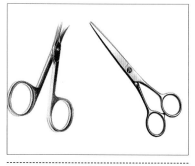

剪刀

剪刀的作用很多，可以用来剪美目贴、假睫毛及过长的眉毛等。

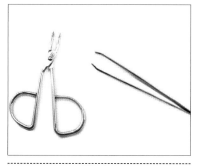

眉钳、镊子

眉钳的作用是拔除杂眉。镊子的作用比较多，不但可以拔除杂眉，还可以夹住一些细小的东西，使其固定得更加牢固。

粉底扑、美妆蛋

粉底扑一般有圆形、菱形、方形等形状。美妆蛋一般呈葫芦形状。一般可以用密度较大的粉底扑涂粉底液，用密度较小的涂粉底膏。

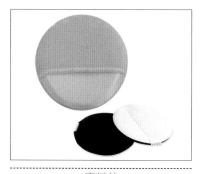

蜜粉扑

蜜粉扑又称定妆粉扑，可以用来蘸取定妆粉，按压定妆。比较小的定妆粉扑可以勾在手指上给眼周等位置定妆，防止手与脸部皮肤直接接触。

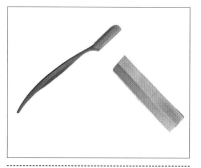

修眉刀

修眉刀可以用来修理杂乱的眉毛，调整眉毛的宽窄，塑造眉形。

睫毛胶水

睫毛胶水可用来粘贴假睫毛及脸部的装饰物等。

造型工具及相关产品

　　每一种造型工具都有其独特的作用，我们要对每一种造型工具的性能有一个基本的了解，以便我们更好地完成造型。

一字卡

一字卡用来固定头发，是造型的重要工具。

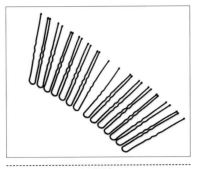

U 形卡

U 形卡可以在不破坏造型的同时自然地固定头发。

波纹夹

波纹夹具有独特的凹槽设计，在做波纹造型时，可用来临时固定头发。

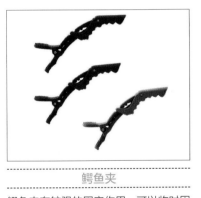

鳄鱼夹

鳄鱼夹有较强的固定作用，可以临时固定头发，使其不易散落。

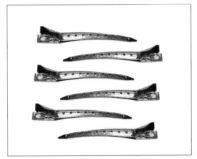

鸭嘴夹

鸭嘴夹可用来临时固定头发。

吹风机

吹风机主要用来将头发吹干、拉直、吹卷或使头发蓬起。吹出的风分为冷风、热风、定型风。

直板夹

直板夹可以用来将头发拉直或卷弯。

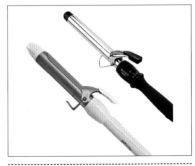

电卷棒

电卷棒按粗细可分为各种型号，根据发型的需要选择粗细合适的电卷棒，可以卷出不同弯度的卷发。

发胶

发胶分为干胶和湿胶，主要用来为头发定型。

发蜡棒

发蜡棒的作用与啫喱膏类似，只是没有啫喱膏那么亮，也没有太强的反光，色泽比较自然。

滚梳

滚梳可以配合吹风机做一些有卷度的吹烫，如打造具有波浪感的发型。

尖尾梳

尖尾梳用来梳理、挑取、倒梳头发，是做造型的常用工具。

排骨梳

排骨梳可配合吹风机来打造造型，尤其适合打造一些短发造型。

蓬松粉

蓬松粉用于发根位置，可使发型更蓬松、自然。

气垫梳

气垫梳一般用来给烫卷的头发做梳通处理，这样可以使头发呈现更自然的卷度。如波浪卷发需要用气垫梳来梳理。

玉米须夹板

玉米须夹板可以将头发烫弯，能起到在视觉上增加发量的作用。

啫喱膏

啫喱膏用来整理发型，使发丝伏贴，发型光滑。

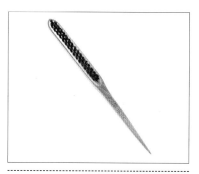

鬃毛梳

鬃毛梳可以用来倒梳头发，也可以用来将头发的表面梳理光滑。与尖尾梳不同的是，鬃毛梳的梳齿密，倒梳头发后，头发比较蓬松、自然。

包发梳

包发梳一般由6排塑料梳齿和5排鬃毛梳齿组成，整体呈现向一侧弯曲的弧度，其主要作用是做包发时梳理头发表面，使发型更饱满。

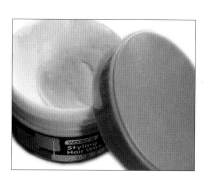

发蜡

在为头发抓层次时，发蜡用于配合发胶做造型。

认识色彩

色彩的分类

色彩可分为无彩色系和有彩色系两大类。

1. 无彩色系

无彩色是指黑色、白色及不同深浅的灰色。

2. 有彩色系

有彩色是指红色、橙色、黄色、绿色、青色、蓝色、紫色，以及它们所衍生出的其他色彩。

根据心理感受，色彩可分为冷色系和暖色系。

1. 冷色系

蓝色、蓝紫色等色彩使人感到寒冷，所以被称为冷色。

2. 暖色系

红色、橙色、黄色等色彩使人感到温暖，所以被称为暖色。

色彩的冷暖不是绝对的，而是相对的。同一色相也有冷暖之分，例如，蓝紫色与蓝色相比显得较暖，而与紫红色相比则显得较冷。

色彩三要素

色相、明度、饱和度被称为色彩的三要素。

1. 色相

色相是指色彩的相貌，就像人的相貌一样。通过色相可以区分色彩。光谱上的红色、橙色、黄色、绿色、青色、蓝色、紫色通常用来作为基础色相。而人眼能够辨别出的色相还不止于此，红色系中的紫红色、橙红色，绿色系中的黄绿色、蓝绿色等色彩，都是人眼可辨别的色彩。

原色

原色也称"第一次色"，是指能配出其他颜色的基础色。颜料的三原色是红色、黄色、蓝色，将它们按不同的比例调配，可以调配出很多种色彩。

间色

间色由原色混合而成。如黄色与蓝色混合成绿色，红色与黄色混合成橙色，红色与蓝色混合成紫色。

复色

复色是指两种间色混合所得到的色彩。

2. 明度

明度是指色彩的明暗程度，也就是我们平时所说的深浅程度。同一种颜色因其明度不同，可以区分出多种深浅不同的颜色；将其由浅到深依次排列，也就是我们所说的色阶。

3. 饱和度

饱和度是指色彩的鲜艳程度，也称为纯度。色彩越纯，饱和度就越高，色彩也就越艳丽。饱和度高的色彩加上灰色就可以降低饱和度。

色彩搭配

1. 色调

色调也被称为"色彩的调子"。色调是色彩的基本倾向，需要从明度、饱和度、色相综合考虑。从色相上划分，有红色调、橙色调等；从明度上划分，有亮色调、暗色调、灰色调等；从饱和度上划分，有艳色调、浊色调等；从色性上划分，有冷色调、暖色调等。

2. 同类色

同类色是指在色相环上取任意一色，加黑、加白或加灰而形成的各种颜色。同类色是一种稳定、温和的配色组合，如红色、玫红色、粉红色就是同类色。

3. 邻近色

邻近色是指在色相环中相距 90° 以内的颜色。例如红色和橙色就是邻近色。

4. 对比色

对比色是指在色相环中相距120°～180°的两种颜色。对比色的搭配具有活泼、明快的效果。原色的对比色比较强烈。可以通过明度、饱和度及面积来调整色彩之间的对比关系。

5. 互补色

色相环直径两端的色彩称为互补色。互补色是对比最强烈的色彩，容易造成炫目的不协调感。在用互补色打造妆容时，需要调整好明度和饱和度的关系。

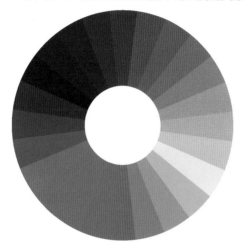

色彩的联想

我们的世界不能缺少色彩。色彩可以带给我们很多联想，就像我们看到红色的血液时会感到恐怖，看到绿色的植物时会感到生机。而色彩带给我们的联想与个人的年龄和阅历也有很大的关系。色彩会让人产生具体的和抽象的联想，这些都与我们设计妆容有很大的关系。

红色

具体联想：血、火、心脏、苹果。

抽象感觉：热情、喜庆、危险、温暖。

橙色

具体联想：橘子、秋天的树叶、晚霞、成熟的麦子。

抽象感觉：积极、快乐、活力、收获、明朗。

黄色

具体联想：黄金、香蕉、黄色的菊花。

抽象感觉：光明、明快、活泼、不安。

绿色

具体联想：树叶、草坪、树林。

抽象感觉：新鲜、环保、希望、安全、理想。

蓝色

具体联想：海洋、蓝天、湖泊。

抽象感觉：理智、沉静、开朗、自由。

紫色

具体联想：茄子、紫罗兰、葡萄。

抽象感觉：高贵、神秘、优雅、浪漫。

褐色

具体联想：咖啡、木头、褐色的眼球。

抽象感觉：自然、朴素、老练、沉稳。

黑色

具体联想：头发、墨汁、夜晚。

抽象感觉：孤独、死亡、恐怖、邪恶。

白色

具体联想：白云、白雪、婚纱。

抽象感觉：纯洁、神圣、柔弱、脱俗。

灰色

具体联想：水泥、沙石、阴天、钢铁。

抽象感觉：消极、空虚、失望、诚实。

色彩给人的心理感受

色彩除了能带给我们联想，同时也会给我们带来心理上更深层次的感受，而大部分人对同样的色彩会产生类似的感受。

1. 冷暖感

冷暖感与温度并没有直接的关系。在同样的温度下，穿着红色的服装和白色的服装带给我们的心理感受是不一样的，而这种心理上的冷暖感会对身体机能造成影响。

2. 前进与后退感

同样的背景中，面积相同的物体会因色彩的不同带给人们凸起或凹陷的感觉。一般来说，亮色和暖色有前进感，暗色和冷色有后退感。

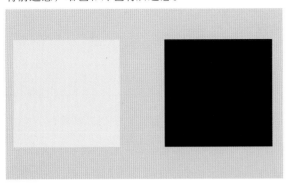

3. 轻重感

一般来说，明度越高的颜色给人感觉越轻，明度越低的颜色给人感觉越重。

4. 味觉感

这种感觉一般是人们对日常生活中所接触的事物产生的联想。例如，绿色会让我们觉得酸，冰淇淋的粉红色、象牙白色则会给我们带来一种甜的感觉。

我们可以将色彩的属性充分运用到妆容的设计中，使妆容更具有设计感且更加合理。

色彩的调和

在我们处理妆容的时候，要注意色彩之间的叠加和调和，使有限的色彩变化出更多的色彩，来满足妆容设计的需要。

间色与间色相调和就会变成各类灰色，但灰色都应该是有色彩倾向的，如蓝灰色、紫灰色、黄灰色等。下面我们对色彩相互调和所产生的色彩做简单介绍。

红色+黄色=橙色

少黄色+多红色=深橙色

少红色+多黄色=浅橙色

红色+蓝色=紫色

少蓝色+多红色=玫瑰红色

黄色+蓝色=绿色

少黄色+多蓝色=深蓝色

少蓝色+多黄色=浅绿色

红色+黄色+少蓝色=棕色

红色+黄色+蓝色=灰黑色

红色+蓝色+白色=浅紫色

黄色+少红色=深黄色

黄色+少红色+白色=土黄色

黄色+蓝色+白色=奶绿色

红色+黄色+少蓝色+白色=浅棕色

红色+黄色+蓝色+多白色=浅灰色

少红色+白色=粉红色

朱红色+少黑色=咖啡色

天蓝色+黄色=草绿色、嫩绿色

天蓝色+黑色+紫色=浅蓝紫色

草绿色+少黑色=墨绿色

天蓝色+黑色=浅灰蓝色

天蓝色+草绿色=蓝绿色

白色+红色+少黑色=褚石红色

天蓝色+少黑色=墨蓝色

白色+黄色+黑色=熟褐色

玫红色+少黑色=暗红色

红色+黄色+白色=肤色

玫红色+白色=粉玫红色

蓝色+白色=粉蓝色

黄色+白色=米黄色

柠檬黄色+纯白色=粉柠檬黄色

柠檬黄色+玫瑰红色=藤黄色

柠檬黄色+玫瑰红色=橘黄色

柠檬黄色+黑色+玫瑰红色=土黄色

柠檬黄色+黑色+玫瑰红色=熟褐色

白色+玫瑰红色=粉玫瑰红色

柠檬黄色+玫瑰红色=朱红色

紫色+玫瑰红色=紫红色

白色+天蓝色=粉蓝色

天蓝色+黑色=灰蓝色

天蓝色+黑色+紫色=浅灰蓝色

白色+草绿色=粉绿色

柠檬黄色+草绿色=黄绿色

白色+紫色=粉紫色

颜色的调和比例都会对色彩的变化起到一定的影响，上面所介绍的色彩调配并不是每一种都会用到，一般来说化妆所用到的色彩相对没有绘画用到的那么多，但是我们可以用眼影或者绘画颜料多进行调色练习，以提高我们对色彩的敏感度。

肤质判断及妆容常见问题处理

肤质判断及处理方法

每个人因为先天因素及后天环境、饮食、养护等因素，皮肤状况会存在一些差异，而对于这些皮肤上存在的问题，我们在给新娘化妆的时候要充分考虑到，并采取必要的解决方式使妆容呈现更好的效果。

皮肤类型和处理妆容注意事项

1.油性皮肤

油性皮肤的人鼻翼及T区出油十分严重，其他区域也是相对比较油的。尤其是在早晨起床的时候特别明显。

注意事项：在处理油性皮肤的妆容的时候，尤其要注意将皮肤清洁干净，尽量使持妆的时间更久。选择具有控油作用的妆前水、隔离乳及粉底液。

2.干性皮肤

干性皮肤最大的问题就是容易缺水，尤其在早起的时候最明显，在不擦任何护肤品的情况下用手指按压脸颊，如果弹开后有小细纹就属于干性皮肤。

注意事项：在上粉底之前，要做好皮肤的滋润工作，护肤水、乳液是不可或缺的，如果在皮肤干燥的情况下上粉底会使底妆看上去缺少光泽感，不够通透。

3.混合性偏油皮肤

油性皮肤全脸都油，混合性偏油皮肤是T区，而两颊的油脂分泌情况良好。

注意事项：混合性偏油的皮肤除了正常的清洁和护肤之外，还要注意的是比较油的位置非常容易脱妆，而且这些位置粉底越厚越容易脱妆，所以在保证肤色协调的情况下粉底不可上得太厚。另外在补妆之前要先用吸油纸吸油。

4.混合性偏干皮肤

和混合性偏油皮肤不同，混合性偏干的皮肤在冬季两颊很容易干燥脱皮，所以辨别肤质是混合性偏干还是偏油，还是要看两颊。

注意事项：在面对混合性偏干的皮肤的时候，注意做好皮肤的滋润工作，在化妆前一晚敷一张补水面膜效果更佳。

5.易过敏性皮肤

有些人的脸颊常年容易出现红血丝，这类皮肤为易过敏性皮肤，很脆弱，需要好好呵护。

注意事项：易过敏性皮肤是我们在化妆的时候最需要注意的，首先要保证化妆品的质量和工具的清洁，并且在化妆之前要和新娘沟通，知晓其过敏史，最好在使用化妆品之前在其手臂的皮肤上小面积测试一下是否过敏。

6.中性皮肤

中性皮肤出油合适，既不会太干也不会太油，是完美的肤质。

注意事项：中性皮肤与其他肤质相比近乎完美，在处理妆容之前更多的是观察肤色，通过化妆手法对肤色进行针对性调整。

其他皮肤常见问题的处理方法

1.黑眼圈

一般我们会用橘色和明黄色遮瑕膏或遮瑕液相互结合来处理黑眼圈，首先用橘色遮瑕在黑眼圈位置涂抹，然后用明黄色遮瑕产品调整，使其尽量接近肤色。

2.肤色暗黄

使用紫色妆前隔离乳来调整肤色，在肤色显得不那么暗黄的情况下再涂粉底。

3.肤色发红

对于发红的皮肤，首先要观察发红的位置，大部分情况下是局部肤色发红，一般是颧骨周围的皮肤，在发红的位置用绿色遮瑕膏进行遮盖调整。

4.瑕疵

在面对瑕疵的时候，需明确的一点就是，可通过遮盖瑕疵使其与周围肤色尽量接近，但并不是所有瑕疵都能被完全遮盖，有些凸起的痣等问题我们只能将其颜色"减淡"使其看上去不明显。瑕疵的颜色分很多种，结合瑕疵颜色用遮瑕膏将其遮盖或"减淡"，在瑕疵边缘与皮肤衔接的位置使用的遮瑕膏的量比较少，这样可以更好地"过渡"。

5.毛孔粗大

在给毛孔比较粗大的皮肤打底之前最好先用零毛孔霜平滑毛孔，使皮肤给人更加光滑的感觉，要注意的是不可以涂抹得过厚，以免对底妆造成影响。

6.黑皮肤

想将黑皮肤塑造出比较白嫩的效果最忌讳的就是直接涂比较白的粉底，应该首先选择具有一定增白作用的妆前乳等产品，然后选择比本身肤色略白的粉底涂第一层，再选择颜色更浅的粉底进行局部的提亮，通过循序渐进的方式一步步使皮肤呈现自然白嫩的感觉。

有些皮肤问题依靠化妆是很难改变的，如眼袋和皮肤已经形成的皱纹。面对这些问题，我们只能尽量处理得让人不去注意这些位置。处理眼袋的时候，可用比较浅的粉底将阴影"减淡"。而对于有皱纹的位置，要注意粉底尽量不要涂太厚，粉底越厚皱纹越明显。

06

新娘底妆的 3 种核心处理方法

　　要打造好一款妆容首先是底妆处理要过关，如果底妆处理得不好，就算五官的刻画都很到位，妆容整体也会显得不干净，且缺少档次。这就是我们在化妆教学中常提到的底妆要"干净"，这种干净并不仅是"一张大白脸"那么简单，尤其是新娘妆容的底妆对干净的要求更高，因此底妆的均匀度、立体感及肤质需求、妆容需求等因素都是我们必须要考虑到的。下面我们对3种新娘底妆做一下介绍。

润颜亮泽底妆

这种底妆适合肤色较为暗沉的人，通过滋润和提亮的方式一步步将底妆处理得自然透亮。

───── 美妆产品介绍 ─────

1.唯魅秀密集保湿纯露

2.GIORGIO ARMANI光影师漾肌底妆乳

3.芭比波朗莹采润泽妆前隔离乳

4.唯魅秀双色眼袋霜

5.芭比波朗虫草精华养肤粉底液（1#）

6.好莱坞的秘密五色遮瑕盘（1#）

7.唯魅秀高清HD轻盈蜜粉（2#）

8.TOM FORD双色高光自然修容粉（01#MOODLIGH）

9.资生堂修颜高光粉（WT905）

01 用保湿纯露给皮肤做全面的补水。

02 用化妆棉将多余的保湿纯露吸掉。

03 在额头、面颊、下巴等位置涂抹肌底妆乳。

04 将肌底妆乳涂抹均匀。

05 涂抹完成后的效果。

06 在面部整体涂抹一层隔离乳。

07 涂抹完成后的效果。

08 在下眼睑位置涂抹眼袋霜。

09 用明黄色遮瑕膏调整黑眼圈位置的颜色。

10 用手指将黑眼圈位置的遮瑕膏按压伏贴。

11 黑眼圈遮盖完成后的效果。

12 在额头、两颊及下巴位置涂抹粉底液。

13 用粉底刷将粉底液涂抹均匀。

14 粉底液刷涂完成后的效果。

15 用遮瑕笔蘸取遮瑕膏对面部的斑点进行遮盖。

16 用蜜粉刷蘸取蜜粉对面部进行定妆。

17 整个面部定妆要均匀，刷子轻拂于面部，不要过于用力。

18 用修容粉对下颌进行修饰。

19 用修容粉对两颊进行修饰，使面部更加立体。

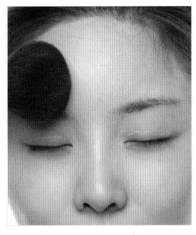

20 用高光粉提亮额头。

21 用高光粉在颧骨上方位置进行大面积提亮。

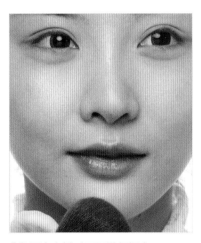

22 用高光粉对下巴进行提亮。

23 用高光粉对颞骨位置进行提亮。

24 使颞骨和颧骨上方的提亮过渡均匀。

粉嫩自然底妆

这种底妆是通过打底打造出一种粉嫩的肤色，使人更显年轻。比较适合气质柔美的新娘使用。

美妆产品介绍

1.唯魅秀密集保湿纯露

2.唯魅秀超级能量精华液

3.唯魅秀高清HD盈透妆前乳（GQ02）

4.好莱坞的秘密五色遮瑕盘（1#）

5.GIORGIO ARMANI大师造型粉底乳（5#）

6.玫珂菲清晰无痕腮红（210）

7.纳斯裸光蜜粉饼

8.资生堂修颜高光粉（PK107）

01 用保湿纯露对面部进行全面补水。

02 用精华液对面部进行滋润。

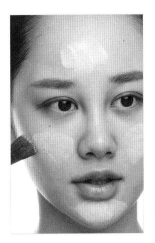

03 在额头、两颊和下巴处点上紫色妆前乳。

04 将额头处的紫色妆前乳刷涂均匀。

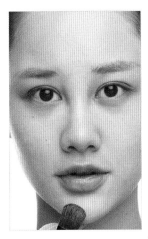

05 将下巴处的紫色妆前乳刷涂均匀。

06 将两颊处的紫色妆前乳刷涂均匀。

07 在下眼睑处刷涂遮瑕膏遮盖黑眼圈。

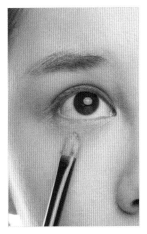

08 用遮瑕刷将遮瑕膏刷涂均匀并按压伏贴。

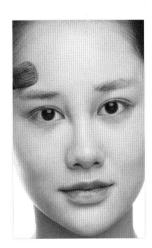

09 在额头处刷涂粉底乳。

10 在整个面部刷涂粉底乳。

11 用粉底抛光刷对整个面部进行抛光。

12 在上眼睑处刷涂粉底乳。

13 在下眼睑处刷涂粉底乳。

14 在下眼睑及颧骨位置涂抹腮红，并将其按压均匀。

15 用定妆蜜粉对面部进行均匀的定妆。

16 用定妆蜜粉对上眼睑进行定妆。

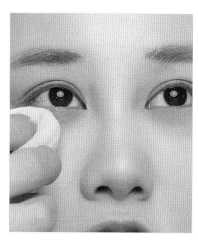
17 用定妆蜜粉对下眼睑进行定妆。

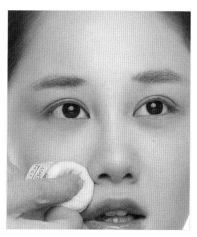
18 用定妆蜜粉对鼻翼两侧进行定妆。

19 在额头处刷涂高光粉进行提亮。

20 在下巴处刷涂高光粉进行提亮。

21 在下眼睑V字区刷涂高光粉进行提亮。

雾面立体底妆

这种底妆适合肤质较差的新娘，有时候我们在底妆上追求透亮感，但有些人的肤质不太好，如果化透亮感的底妆看上去就会更加粗糙，尤其是脸上痘痘比较多的人，而雾面立体底妆可以在视觉上减轻这种感觉。

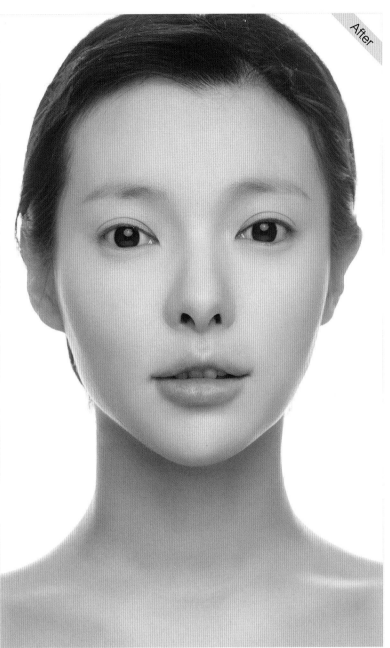

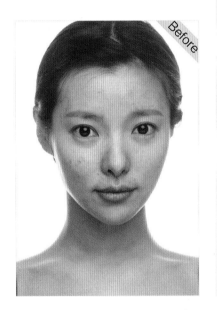

──美妆产品介绍──

1.唯魅秀超级能量精华液

2.唯魅秀零毛孔细致隔离霜

3.GIORGIO ARMANI大师造型粉底乳（5#）

4.魅可持久粉凝霜（NC15）

5.TOM FORD双色修容膏（01# INTENSITY ONE）

6.纪梵希轻盈无痕明星四色散粉（2#）

7.TOM FORD 双色高光自然修容粉（01# MOODLIGH）

8.好莱坞的秘密五色遮瑕盘（1#）

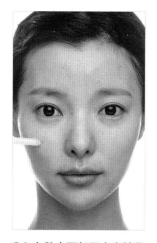

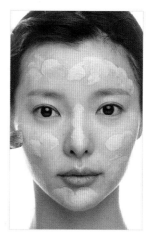

01 在整个面部用水亮精华液进行滋润。

02 在面部涂抹零毛孔隔离霜并用粉底刷将其刷涂均匀。

03 用粉底刷在整个面部点上粉底乳。

04 用圆头粉底刷以画圈的方式将粉底乳刷涂均匀。

05 用粉底刷将上眼睑处的粉底乳刷涂均匀。

06 用粉底刷将下眼睑处的粉底乳刷涂均匀。

07 在下眼睑V字区用粉扑蘸取颜色较浅的粉凝霜进行打底。

08 在上眼睑处用较浅的粉凝霜打底。

09 在下颌处刷涂修容膏。

10 在两颊刷涂修容膏。

11 在鼻根处刷涂修容膏，使五官更加立体。

12 在整个面部用蜜粉刷蘸取散粉进行定妆。

13 在上眼睑处用散粉细致定妆。

14 在下眼睑处用散粉细致定妆。

15 在下颌处刷涂修容膏。

16 在面颊侧面刷涂修容膏。

17 在鼻根处刷涂修容膏粉。

18 用修容粉对颧骨位置、额头、下巴进行提亮。

19 用遮瑕膏对面部的细微瑕疵进行遮盖。

新娘眉形描画技法

如果说眼睛是心灵的窗户，那么眉毛就是装饰这扇窗户的窗框。如果眉形处理不当，往往会使已经很漂亮的眼妆失色很多。眉毛具有自己的"灵魂"，不同的眉形有不同的视觉效果。眉毛能传达情感，不同的眉形能够展现不同的性格及年龄特点，可以利用这一特性来烘托妆容效果。

不同脸形适合的眉形

椭圆形脸

椭圆形脸是标准脸形，基本适用各种眉形。

瓜子形脸

对于瓜子形脸，一般画各种眉形都不会出错，瓜子脸上宽下窄，可以在画眉毛的时候将眉峰适当前移。

圆形脸

对于圆形脸，在画眉的时候可以将眉峰提起一些高度，以拉长脸形，也可以画标准眉形。

长形脸

对于长形脸，不要画过于明显的眉峰，因为比较平的眉毛可以缩短脸形。

菱形脸

对于菱形脸，不要将眉毛画得过长，以防在正面看上去像断眉，可适当缩短眉形。

正三角形脸

对于正三角形脸，画眉的时候将眉峰适当后移，以拉宽视觉上的宽度，与下边过宽的脸形适当平衡。

国字形脸

对于国字形脸，描画的眉峰要圆润，不要画得过于硬朗，那样会使人看上去过于男性化。

梨形脸

对于梨形脸，在描画眉形的时候可以让眉峰有一些棱角，使脸看上去立体一些。

眉形描画技法

眉笔 + 染眉膏眉形画法

01 眉毛原型。

02 用螺旋扫将眉毛中的杂质清理干净。

03 用染眉膏将眉色染淡。

04 用眉笔描画眉尾并拉长。

05 用眉笔适当加深眉峰。

06 用眉笔补充描画眉头。

07 眉形描画完成后的效果。

水眉笔眉形画法

01 眉毛原型。

02 用螺旋扫将眉毛内的杂质清除。

03 用水眉笔加深眉色。

 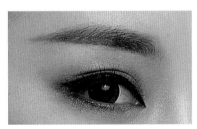

04 用水眉笔补充描画眉头。

05 眉形完成后的效果。

眉笔眉形画法

01 眉毛原型。

02 用眉笔补充描画眉形。

03 用眉笔描画眉头并适当加深眉下线。

04 眉形完成后的效果。

新娘的 10 种眼妆核心处理技法

眼妆的表现形式非常多，但是并不是什么样的眼妆都适合新娘妆容，一般我们还是以自然、容易令人接受的眼妆为主。不管是自然、浪漫还是妖媚的眼妆我们都会控制一个度，而不是天马行空地随意描画，眼妆处理得漂亮不等于适合新娘。下面我们对10种常用的新娘眼妆做介绍，其中不同的眼妆对睫毛、眼影等细节的处理方式都会有所不同，所以说新娘眼妆更加注重细节的表现。

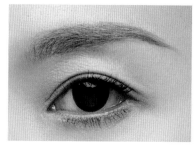

眼妆完成效果

新娘柔美眼妆

01 在上眼睑处晕染金棕色眼影。

02 继续在上眼睑处叠加晕染金棕色眼影。

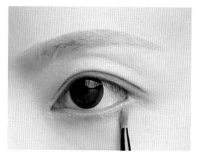

03 在下眼睑处晕染金棕色眼影。

04 用睫毛夹将睫毛夹卷翘。

05 用睫毛膏刷涂上睫毛。

06 用睫毛膏刷涂下睫毛。

07 用睫毛膏的梳子状刷头将上睫毛梳理好。

08 在上眼睑后半段粘贴假睫毛。

09 用水眉笔描画眉形。

新娘清新眼妆

眼妆完成效果

01 用珠光白色眼影提亮上眼睑。

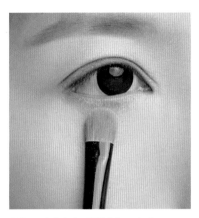

02 用珠光白色眼影提亮下眼睑。

03 在上眼睑紧靠睫毛根部的位置描画眼线。

04 用睫毛夹将上睫毛夹卷翘后刷涂睫毛膏。

05 用睫毛膏刷涂下睫毛。

06 用镊子辅助，在上眼睑紧贴真睫毛根部的位置粘贴假睫毛。

07 用眉笔补充描画眉形。

新娘倒挂睫毛眼妆

眼妆完成效果

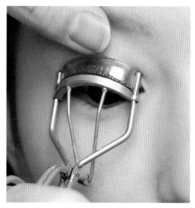

01 用睫毛夹将上睫毛夹卷翘。

02 用睫毛膏刷涂上睫毛。

03 用睫毛膏刷涂下睫毛。

04 在上眼睑处晕染咖啡色眼影。

05 在下眼睑处用咖啡色眼影晕染过渡。

06 在上眼睑处用金棕色眼影晕染过渡。

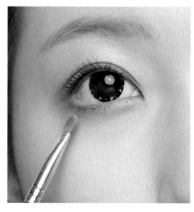

07 在下眼睑处用金棕色眼影晕染过渡。

08 提拉上眼睑，用睫毛膏再次刷涂睫毛。

09 从上眼睑眼尾开始分段粘贴假睫毛。假睫毛粘贴在真睫毛的下方，所以胶水刷涂的位置要靠上一些。

10 从后向前粘贴假睫毛，注意睫毛的长短过渡要自然流畅。

11 用镊子轻轻按压并调整假睫毛角度，使其更加牢固。

12 在下眼睑处从后向前一根根地粘贴假睫毛。

13 注意粘贴下眼睑假睫毛要符合真睫毛的正常生长角度。

14 下睫毛呈后长前短的排列方式。

15 用染眉膏将眉色染淡。

16 用咖啡色眉笔描画眉形。

17 眉头的描画要自然柔和，下笔要轻柔。

新娘灵动美睫眼妆

眼妆完成效果

01 用浅金棕色眼影对上眼睑进行晕染。

02 用浅金棕色眼影对下眼睑进行晕染。

03 在上眼睑处用金棕色眼影晕染过渡。

04 在下眼睑处用金棕色眼影晕染过渡。

05 用小号眼影刷蘸取亚光咖啡色眼影，在上眼睑后半段靠近睫毛根部的位置加深晕染。

06 用小号眼影刷蘸取亚光咖啡色眼影，在下眼睑眼尾局部加深晕染。

07 提拉上眼睑，用睫毛夹将睫毛夹卷翘。

08 提拉上眼睑，用睫毛膏刷涂睫毛。

09 用睫毛膏刷涂下睫毛。

10 从眼尾开始一根根地粘贴假睫毛。

11 将假睫毛紧贴真睫毛根部粘贴。

12 越靠近内眼角，粘贴的假睫毛越短。

13 从下眼睑眼尾开始向前粘贴假睫毛。

14 下眼睑的假睫毛粘贴得比较密，注意假睫毛之间的衔接。

15 越靠近内眼角，假睫毛越短。

16 用染眉膏将眉色染淡。

17 用咖啡色眉粉刷涂补充眉形。

新娘自然翘睫眼妆

眼妆完成效果

01 用珠光白色眼影提亮上眼睑。

02 用珠光白色眼影提亮下眼睑。

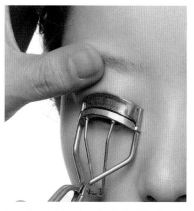

03 提拉上眼睑，用睫毛夹将睫毛夹卷翘。

04 提拉上眼睑，刷涂睫毛膏。

05 提拉上眼睑，粘贴假睫毛。

06 用镊子适当地将假睫毛向上推。

07 用镊子轻轻按压假睫毛，使其粘贴得更加牢固。

08 提拉上眼睑，用睫毛胶水刷一个刷头宽度的胶水。然后将假睫毛向上抬，使睫毛更加卷翘。

09 在上眼睑处晕染淡淡的金棕色眼影。

10 在下眼睑处晕染淡淡的金棕色眼影。

11 在上眼睑眼尾用金棕色眼影加深并晕染过渡。

12 在下眼睑眼尾用金棕色眼影晕染过渡。

13 在下眼睑眼头描画珠光白色眼线。

14 用眉笔自然描画补充眉形。

新娘妩媚气质眼妆

眼妆完成效果

01 在上眼睑处晕染浅棕色眼影，边缘过渡要柔和。

02 用金棕色眼影对眼尾位置进行局部加深晕染。

03 在上眼睑处大面积用浅金棕色眼影晕染，以增强眼影的层次感。

04 在下眼睑后半段用金棕色眼影进行晕染。

05 在下眼睑眼尾位置用深金棕色眼影进行局部加深晕染。

06 用金色眼影对眼球高点处做提亮晕染，使眼部更加立体。

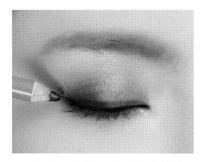

07 在上眼睑位置用铅制眼线笔描画一条自然流畅的眼线。

08 在上眼睑后半段粘贴半贴式假睫毛。

09 用咖啡色眉笔描画眉形，以填补眉毛缺失的部分。

新娘开外眼角眼妆

眼妆完成效果

01 在上眼睑处晕染珠光白色眼影。

02 在下眼睑处晕染珠光白色眼影。

03 在上眼睑后半段晕染亚光咖啡色眼影，边缘过渡要自然。

04 在下眼睑靠近眼尾的位置晕染亚光咖啡色眼影。

05 在上眼睑眼尾局部叠加晕染亚光咖啡色眼影进行加深。

06 在下眼睑眼头处用珠光白色眼线笔进行描画。

07 在上眼睑中段适当地用珠光白色眼影进行提亮。

08 在上眼睑处用眼线笔描画自然眼线。

09 在下眼睑后三分之一位置用眼线笔描画眼线，眼线前窄后宽。

10 在上眼睑粘贴浓密型假睫毛，在下眼睑局部粘贴假睫毛。

11 用灰色眉笔填补眉毛缺失的部分，使眉形更加流畅。

资源获取验证码：01580

新娘明眸柔美眼妆

眼妆完成效果

01 在上眼睑处涂抹少量珠光白色眼影进行提亮。

02 在上眼睑处淡淡地涂抹一层金色眼影。

03 在下眼睑处少量刷涂金色眼影。

04 在下眼睑靠内眼角的位置用珠光白色眼线笔进行描画。

05 在眼尾处用金棕色眼影进行局部加深晕染。

06 在眼头处用金棕色眼影进行局部加深晕染。

07 在下眼睑后三分之一的位置晕染金棕色眼影。

08 用眼线笔描画一条自然眼线，使眼尾自然上扬。

52

"共享资源"验证码：55385

09 用小号眼影刷刷涂眼线，使其自然柔和。

10 在下眼睑处用适量黑色眼影进行加深过渡。

11 在上眼睑靠近睫毛根部的位置粘贴较为浓密纤长的假睫毛。

12 用睫毛膏刷涂下睫毛，使其更加自然。

13 用咖啡色眉粉刷涂眉毛。

14 用棕色染眉膏描画眉毛，使眉色更加淡雅。

新娘魅惑眼妆

眼妆完成效果

01 用眼线笔描画一条比较粗的上眼线，眼尾自然上扬。

02 用黑色眼影在上眼睑进行晕染，使眼线柔和，眼影边缘要过渡得柔和、自然。

03 用黑色眼影在整个下眼睑进行晕染过渡。

04 用水性眼线笔加深上眼线和下眼线。

05 在上眼睑处晕染金色眼影，与黑色眼影相接并过渡。

06 在下眼睑处晕染金色眼影，与黑色眼影相接并过渡。

07 在上眼睑紧贴真睫毛根部粘贴自然感假睫毛。

08 用灰色眉笔描画眉毛，使眉形平缓、自然。

新娘中式气质眼妆

眼妆完成效果

01 画一条黑色眼线,并粘贴假睫毛。在上眼睑处晕染金色眼影,作为眼妆基础色。

02 在上眼睑眼尾处用亚光咖啡色眼影做局部加深晕染。

03 在眉骨处用珠光白色眼影做自然提亮。

04 在下眼睑处用亚光咖啡色眼影自然地晕染过渡。

05 刷涂睫毛膏,使睫毛更加纤长。

06 在眼头处用少量珠光白色眼影进行提亮,使眼部更加立体。

07 用咖啡色眉粉刷涂眉毛,使眉色更深。

08 用咖啡色眉笔描画眉形,眉头位置要自然。

新娘腮红打造技法

腮红的作用不单是简单的使肤色红润起来，对于新娘来说，不同色彩的腮红能使气质得到不同呈现，而这一点往往被很多人忽视。并不是所有色彩的腮红和打法都适合运用在新娘妆容上，下面我们将运用在新娘妆容上的腮红打法和色彩做具体介绍。

新娘妆容的腮红打法

斜向打法

斜向打法是打腮红常用的一种方法，这种打法可以让脸看起来更加修长立体。

横向打法

横向打法比较适合一些脸较长的人，可以在视觉上缩短脸形。

圆形打法

圆形打法是一种可使人显得比较可爱的打法，近年来使用得较少。

面颊侧打法

用这种打法打出来的腮红，在正面观察的时候面积很小，比较适合脸上斑点瑕疵很多、而使用其他腮红打法会使这些瑕疵更加明显的情况。腮红面积以颊侧为主。

扇形打法

用这种打法打出来的腮红面积较大，可以在提升妆容立体感的同时起到适当地使面部柔和的作用。

蝶式打法

蝶式打法是一种较为时尚的腮红晕染方法，用这种打法打出来的腮红在颧骨位置呈扩散状，与眼影之间有衔接。不同色彩的腮红可以打造古风或浪漫感妆容。

新娘腮红的色彩

新娘妆容的腮红一般不会处理得过于夸张，而是追求自然的美感。一般新娘妆容的腮红色彩会有以下几个色系，每个色系不止一种色彩，而是包含了深浅和饱和度不同的多种色彩。

棕色系

玫红色系

橘色系

棕色系包括从较浅的肉棕色到深棕色的多种色彩。肉棕色可对面部进行自然的修饰，越深的棕色能将面部刻画得越立体。

玫红色系的色彩饱和度都相对较高，这个色系的腮红会使皮肤看上去更加干净，比较适合表现浪漫唯美的妆容。

橘色系的腮红会使妆容充满清新自然的感觉，并且可以均衡肤色的冷暖感觉。本身肤色过"冷"的新娘不适合使用这种颜色的腮红。

嫩粉色系

金属色系

嫩粉色系是新娘妆容里比较常用的一种色彩类型，主要可以调和眼妆与唇妆的关系，协调肤色。

金属色系的腮红含有闪光的矿物质颗粒，每一个色系的腮红都可以通过添加矿物质颗粒变成金属色系的腮红。这种腮红会提升皮肤的光泽度，使妆容更有质感。

腮红晕染是相对比较难处理的，因为每个人的手感不同，所以晕染出来的效果大相径庭，往往最不好掌握的就是使腮红自然过渡，所以建议对力度控制得不是很准确的化妆造型师采取少量多次的晕染方式，并且选择腮红时要尽量避免饱和度过高的色彩和含有粗糙的粉质颗粒的腮红。

新娘的唇妆色彩及描画技法

唇妆对妆容的风格也会有很大的影响，所以我们要对唇妆的不同色彩所呈现的不同风格有所了解，这样，在我们难以确定妆容风格的时候，可以通过唇妆来解决妆容风格不够明确的问题。

新娘唇妆的色彩风格

裸色

裸色是比较百搭的，主要的作用就是对本身不够健康的唇底色做调整，一般用在非常淡雅自然的妆容中。

嫩粉色

嫩粉色可以使肤色冷暖协调，一般用在浪漫唯美的妆容中。

橘色

橘色会给人比较清新的感觉，可以用在具有清新感的妆容或者具有唯美感觉的妆容中。

玫红色

玫红色一般都会用在具有浪漫优美感的妆容中，它可以使肤质看上去更加干净，并且使肤色显得暖一些。

红色

暗色

红色的唇妆可以搭配复古的白纱、晚礼服，也可以在中式妆容中使用。

暗色是指暗红色、暗紫色这样的色彩，一般在新娘妆容中使用得不多，个别的晚礼妆容中会使用这种较为夸张、时尚的色彩。

　　了解了新娘妆容的唇妆色彩，下面我们对几种新娘唇妆的描画技法进行解释。

新娘唇妆的描画技法

自然润泽唇

唇妆完成效果

01 用唇刷在下唇处刷涂裸粉色唇膏，调整唇色。

02 用唇刷在上唇处刷涂裸粉色唇膏，调整唇色。

03 用唇刷在下唇处刷涂亮泽的嫩粉色唇膏。

04 用唇刷在上唇处刷涂亮泽的嫩粉色唇膏。

05 在整个唇部点缀粉嫩亮泽的唇彩。

饱满自然唇

唇妆完成效果

01 用裸粉色唇膏调整唇色。

02 用唇刷在下唇处刷涂橘色唇膏。

03 用唇刷在上唇处刷涂橘色唇膏。

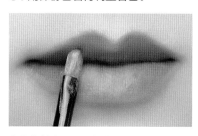

04 将整个唇形用橘色唇膏刷涂饱满。

05 用橘色唇膏整体叠加一次，增加色彩饱和度。

渐变雾面唇

唇妆完成效果

01 用少量遮瑕膏对唇色进行调整。

02 用唇刷在下唇处刷涂玫红色唇釉。

03 用唇刷在上唇处刷涂玫红色唇釉。

04 用咬唇刷将下唇处的玫红色唇釉刷开。

05 用咬唇刷将上唇处的玫红色唇釉刷开。

06 在唇内侧局部叠加刷涂玫红色唇膏。

07 用咬唇刷蘸取少量更深的玫红色唇膏涂抹局部。

亚光复古红唇

唇妆完成效果

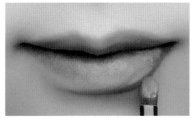

01 用红色亚光唇膏描画下唇轮廓线。

02 继续将下唇轮廓线补齐。

03 用唇刷蘸取红色亚光唇膏描画上唇轮廓线。

04 将下唇内部用红色亚光唇膏涂满。

05 将上唇内部用红色亚光唇膏涂满。

魅惑时尚唇

唇妆完成效果

01 用黑紫色亚光唇膏确定唇峰。

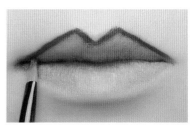

02 将上唇轮廓线描画补齐，唇峰处的棱角要清晰。

03 用唇刷描画下唇轮廓线。

04 描画下唇轮廓线，使其与上唇轮廓线衔接。

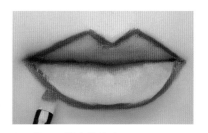

05 将下唇轮廓线补齐。

06 将唇膏涂抹在轮廓线内部。

07 叠涂一次唇膏。

11

新娘造型基础手法之打卷

打卷的手法是新娘造型中使用最为广泛的造型手法之一，在复古、高贵、中式古典等造型中都会经常使用，特点是光滑、具有优美的弧度，同时还能塑造较为强烈的立体感和空间感。

上翻卷

上翻卷不仅可以在刘海区使用，而且可以在两侧发区及后发区根据造型需要使用。

上翻卷效果

01 取一片头发。

02 以尖尾梳为轴向上翻卷头发。

03 用尖尾梳辅助，在头上找好想要摆放头发的位置。

04 用发卡固定头发。

05 将剩余发尾继续向上翻卷并固定。

下扣卷

下扣卷与上翻卷同理，不但可以在刘海区使用，而且可以在两侧发区及后发区位置根据造型需要使用。

下扣卷效果

01 分出需要做下扣卷的头发。

02 以尖尾梳为轴将头发向下扣卷。

03 用尖尾梳辅助，在头上找好想要摆放头发的位置。

04 用发卡固定头发。

05 以此方式继续将剩余头发向下扣卷并固定。

手打卷

既可以做单独的手打卷，也可以做连环的手打卷，可以很好地使造型具有立体感和空间感。

手打卷效果

01 用皮筋将头发扎成马尾。

02 从马尾中分出一片头发。

03 将分出的头发用手向上打卷。

04 将打好的卷固定好。

05 再取一片头发进行打卷。

06 将打好的卷固定好。

07 继续分出头发打卷，注意卷的摆放位置。

08 将打好的卷固定好之后，将发尾继续打卷并固定。

09 从剩余头发中分出头发向上打卷。

10 将打好的卷固定好之后，再将剩余的发尾向后发区左侧提拉打卷。

11 将打好的卷固定好。

12 将剩余的最后一片头发打卷并固定。

打卷手法造型案例

01 将后发区的头发扎成马尾。

02 从马尾中分出一片头发并适当倒梳。

03 将头发向上打卷并固定。

04 分出一片头发，向后发区左侧打卷并固定。

05 分出一片头发，向后发区右侧打卷并固定。

06 继续分出头发进行打卷并固定。

07 分出头发，将其向下打卷并固定。

08 将后发区剩余的头发打卷并固定。

09 将右侧发区头发向后发区扭转并固定。

10 用尖尾梳梳理刘海区头发，调整弧度并进行固定。

11 将剩余发尾在右侧发区打卷固定后，将右侧发区最后剩余的头发固定在后发区。

12 将左侧发区头发推出纹理后固定在后发区。

13 喷胶定型。待发胶干透后取下临时固定用的发卡，佩戴饰品。

新娘造型基础手法之烫发

烫发手法在处理很多新娘造型的时候都会用到，将头发烫好是完成一个较完美的造型的重要一步。一般我们会根据造型纹理的走向进行烫发。在烫发之前，要对造型有一定的预期，这样才能更好地完成烫发。

后卷烫发

后卷烫发又称外卷烫发，是以后发区中分线位置为中心的烫发，简单地说就是将两侧发区的头发向后发区方向卷。

后卷烫发效果

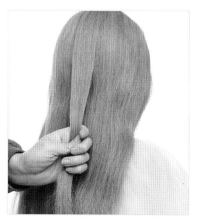

01 分出一片头发。

02 将头发向后发区方向卷。

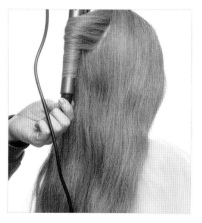

03 将卷好的头发在电卷棒上稍作停留，使其充分受热，然后取下电卷棒。

平卷烫发

平卷烫发的意思是放平烫发的角度，一般在处理一些造型整体的纹理感时使用。

平卷烫发效果

01 分出一片头发。

02 将头发以比较水平的角度缠绕在电卷棒上。

03 在保证不烫伤头皮的情况下尽量贴近发根的位置，然后取下电卷棒。

前卷烫发

前卷烫发又称内卷烫发，意思是将头发向着面部轮廓的方向烫卷。

前卷烫发效果

01 分出一片头发。

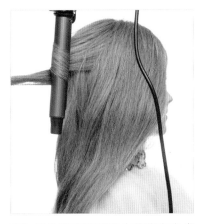

02 将头发向面部方向缠绕在电卷棒上。

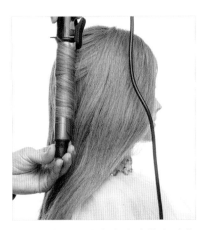

03 将卷好的头发在电卷棒上稍作停留。

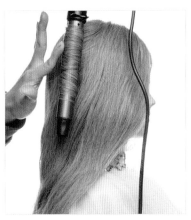

04 用手轻轻试探头发是否充分受热，然后取下电卷棒。

烫发手法造型案例

01 将右侧发区头发用电卷棒烫卷。

02 将后发区头发用电卷棒烫卷。

03 烫卷的角度为斜向下。

04 继续将剩余的头发用电卷棒烫卷。

05 将顶区的一片头发向上扭转并固定。

06 将顶区另外一片头发扭转并固定。

07 分别从两侧取头发，收拢并固定。

08 将发尾向左上方拉伸并固定。

09 将后发区右侧头发向左侧拉伸并固定。

10 将左侧的一片头发向右侧拉伸并固定。

11 在右侧取头发，向后发区左侧拉伸并固定。

12 将后发区下方上层的头发向上打卷并固定。

13 将后发区剩余的头发向上打卷并固定。

14 将右侧的头发向后发区扭转并抽出层次。

15 将头发在后发区下方固定。

16 将左侧的头发扭转并抽出层次。

17 将头发在后发区下方固定。

18 将刘海区头发进行扭转。

19 将头发抽出层次。

20 将头发在右侧固定。

21 将右侧剩余的头发固定好。

22 在头顶佩戴饰品。

23 在后发区系一个蝴蝶结。

24 在后发区佩戴蝴蝶结饰品。

13 新娘造型基础手法之包发

包发的手法大部分情况下在处理后发区的造型结构时使用，其实在现在的新娘造型中对后发区使用的包发手法已经不多，但包发手法是我们一定要了解的造型手法，因为其中涵盖了很多造型的核心知识，掌握包发手法对我们打好造型的基础有很大帮助。

扭包

扭包是主要通过扭转的手法完成的包发，简便、快速、易操作。

扭包效果

01 将后发区头发分出。

02 提拉后发区头发并倒梳。倒梳好后将头发表面梳理光滑。

03 以尖尾梳为轴扭转头发。

04 将尖尾梳抽出，在扭转的点用发卡固定头发。

05 在侧面继续向下用发卡固定头发。

单包

将头发梳理至后发区一侧向另外一侧进行包发，可以达到比较饱满的造型效果。

单包效果

01 将后发区头发分片提拉并倒梳。

02 在后发区左侧将倒梳好的头发的表面梳理光滑。

03 将后发区右侧的头发的表面梳理光滑。

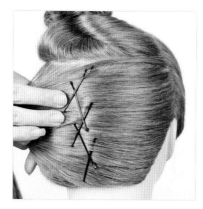

04 在后发区中心线位置用联排的十字交叉发卡固定头发。

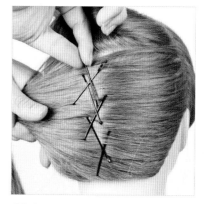

05 在最上方从上向下用发卡固定头发。

06 将头发从后发区左侧向右梳理。

07 以尖尾梳为轴将头发扭转，并用发卡固定。

08 在侧面用多个发卡固定头发。

叠包

用后发区左右两侧头发相互叠加包发，提高后发区整体"饱满度"。

叠包效果

01 将后发区头发中分。

02 从左侧分片取头发，进行提拉并倒梳。

03 将左侧最后一片头发从内侧倒梳。

04 将倒梳好的头发表面梳理光滑。

05 以尖尾梳为轴将头发在后发区右上方提拉并扭转。

06 在扭转的位置用发卡固定。

07 在后发区右侧分片取头发进行倒梳。

08 将倒梳好的头发表面梳理光滑。

09 将头发在后发区左上方以尖尾梳为轴提拉扭转并固定。

10 在侧面用发卡对头发进行固定。

包发手法造型案例

01 将刘海区头发适当地扭转。

02 将扭转好的头发前推并下压后进行固定。

03 将固定好之后的剩余发尾打卷并固定。

04 将左侧发区头发提拉扭转至靠近顶区的位置进行固定。

05 将右侧发区头发向上提拉并扭转后进行固定。

06 将两侧发区发尾在顶区收拢后进行固定。

07 将后发区剩余头发向上提拉并扭转。

08 将扭转固定后剩余的发尾收拢并固定。

09 在头顶佩戴饰品。

14

新娘造型基础手法之编发

　　编发是新娘造型中的一种常见造型手法，会产生较为丰富的纹理，有时候可以将编发造型手法与其他造型手法结合使用。另外，在造型的时候不要过于追求编发的形式感，新娘造型是以人为重点，所以不要将编发处理得过于夸张。

三股一边带编发

三股一边带编发效果

01 分出A、B、C三片头发。

02 将C穿插在A和B中间。

03 将B叠放在A上。

04 从左上方带入一片头发汇入C中叠放在B上。

05 将A叠放在C上。

06 以此类推继续向下编发，然后固定。

三股两边带编发

三股两边带编发效果

01 分出A、B、C三片头发。

02 将C穿插在A和B中间。

03 将B从后发区右上方带入一片头发叠放在A上。

04 将C从后发区左上方带入一片头发叠放在B上。

05 将A从后发区右上方带入一片头发叠放在C上。以此方式向下编发并固定。

<u>鱼骨辫编发</u>

鱼骨辫编发效果

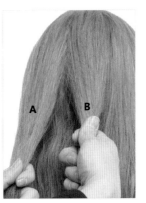

01 分出A和B两片头发。

02 将B叠放在A上。

03 将左侧发区头发C叠放在B上。

04 将右侧发区头发D叠放在A和C上。

05 C和A组成E，B和D组成F。从F中分出一小股头发G，使之压在F上方。

06 从E中分出一小股头发H，使之压在E和G之上。

07 以此方式继续向下编发，然后固定。

瀑布辫编发

瀑布辫编发效果

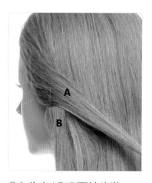

01 分出A和B两片头发。

02 将C穿插在A和B中间。

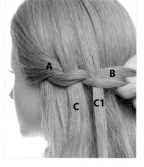

03 将A和B交叉，将C1穿插在A和B中间。

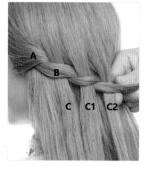

04 将A和B交叉，将C2穿插在A和B中间。

05 以此类推向下继续编发。

06 将编好的头发进行固定。

三股辫编发

三股辫编发效果

01 将头发用皮筋固定。

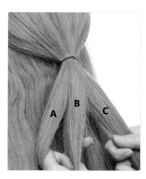

02 将固定好的头发分成A、B、C三股。

03 将A叠放在B上。

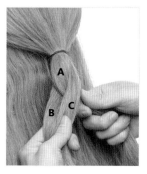

04 将C叠放在A上。

05 以此类推向下编发并固定。

01 用电卷棒将两侧发丝烫卷。

02 烫卷的时候注意发丝的提拉角度。

03 从顶区取头发进行三股一边带编发。

04 编发呈上宽下窄的形状，用三股辫编发的形式进行收尾。

05 用两股辫编发的形式对右侧发区的头发进行编发。

06 边编发边带入后发区的头发。

07 用两股辫编发的形式对左侧发区的头发进行编发。

08 边编发边带入后发区的头发。

09 将后发区剩余的头发顺着烫卷的弧度进行扭转并固定。

10 将固定好的头发发尾内扣卷，然后进行固定。

11 佩戴饰品进行装饰，造型完成。

15

新娘造型基础手法之抽丝

    抽丝的意义主要是使造型具有更加丰富的层次。近年抽丝造型比较流行，在抽丝的时候要把握好度，不能让发丝漫无目的地飞舞，尤其是在实用的新娘造型中，抽丝在使头发富有层次的同时还要容易被人接受。下面我们通过一个抽丝手法实例来对抽丝进行解析，这个实例用了顶区单根抽层次、两股辫抽丝及三股辫抽丝手法。

抽丝

抽丝效果

01 将顶区头发用皮筋固定。

02 将少量顶区头发向上拉。

03 向上拉发丝的时候要把握好度，使其有立体感和层次感。

04 将马尾进行三股辫编发。

05 将编好的头发抽出层次感。

06 将抽好层次的头发固定。

07 对右侧发区头发进行两股辫编发。

08 将编好的头发抽出层次。

09 有层次的头发会更加饱满。

10 将抽好层次的头发向顶区左上方固定。

11 以同样的方式将左侧发区头发抽出层次后向后发区右侧固定。

12 对后发区右侧剩余头发进行两股辫编发并抽出层次。

13 将抽好层次的头发固定。

14 对后发区左侧剩余头发进行两股辫编发并抽出层次。

15 将抽好层次的头发固定。

16 用皮筋将发尾固定，调整发尾，使造型更加完美。

抽丝手法造型案例

01 在顶区取头发进行两股辫编发。

02 将编好的头发抽出层次感。

03 将编好的头发绕过后发区下方在后发区左侧固定。

04 在后发区取头发进行两股辫编发并抽丝。

05 将编好的头发在顶区左侧固定。

06 对后发区剩余头发进行两股辫编发并抽丝，然后在后发区下方固定。

07 对后发区头发喷胶定型。

08 从顶区取头发进行两股辫编发并抽丝，然后在头顶固定。

09 从刘海区取头发进行两股辫编发并抽丝。

10 将头发固定好之后对其表面进行适当抽丝。

11 在左侧发区取头发进行两股辫编发并抽出层次。

12 将头发在头顶固定。

13 佩戴饰品。

14 将散落的发丝用电卷棒烫卷。

15 将烫好的头发调整出层次感，对饰品进行适当修饰。

新娘造型基础手法之手推波纹

手推波纹是难度系数较高的一种造型手法，除了要了解正确的操作方法外，还需要多加练习以掌握手感和力度。在新娘造型中，手推波纹手法的运用是很广泛的，复古的白纱造型、优雅的晚礼造型、旗袍造型、秀禾服造型、龙凤褂造型等都可以利用手推波纹这种造型手法。手推波纹的起伏弧度有很多变化样式，其实当把一款手推波纹做好之后，可以在此基础之上根据自己的理解加些细节的变化。下面我们来解析手推波纹的基本操作方式。

手推波纹

手推波纹效果

01 在刘海区分出一片头发。

02 将分出的头发用波纹夹固定。

03 用尖尾梳将头发推出弧度。

04 将推好弧度的头发用波纹夹固定。

05 将头发继续用尖尾梳推出弧度，并用波纹夹固定。

06 继续在右侧发区将头发用尖尾梳推出弧度。

07 将推好弧度的头发用波纹夹固定。

08 将头发继续推出弧度并用波纹夹固定。

09 将剩余发尾打卷并固定。

10 在细节位置用小定位夹进行固定。

11 对波纹位置的头发喷胶定型。

12 待发胶干透后取下波纹夹。

13 在细节位置可以用U形卡进行固定。

手推波纹手法造型案例

01 将顶区和部分后发区头发扎成马尾。

02 将除刘海区之外的剩余头发在后发区扎成马尾。

03 将下方马尾打卷并固定。

04 从马尾中取出部分头发进行打卷并固定。

05 将剩余头发打卷并固定。

06 用波纹夹固定刘海区头发。

07 用尖尾梳将部分刘海区头发向前推出弧度。

08 用波纹夹固定推好的弧度。

09 将头发继续推出弧度并固定。

10 将剩余发尾推出弧度并固定。

11 将剩余刘海区头发用尖尾梳推出弧度。

12 用波纹夹对推好弧度的头发进行固定。

13 将头发继续向后发区方向推出弧度。

14 将剩余发尾打卷并固定。

15 佩戴饰品。

17

新娘造型的刘海变化

刘海是整个造型的点睛之笔，因为在正面且位置最显眼，所以刘海变化了会让人感觉造型变化很大。

上翻刘海

上翻刘海一般会呈现比较优雅的美感，在优雅的白纱、晚礼造型中经常会用到。

下扣刘海

下扣刘海可以在高贵或复古的造型中使用。

打卷刘海

打卷刘海可以用在高贵或复古的造型中，要注意打卷的层次感，避免出现按一条线排列的打卷。

伏贴刘海

伏贴刘海所搭配的造型一般都显得比较简约。

灵动刘海

灵动刘海会使造型显得比较浪漫、灵动，在森系风格的造型中经常使用。

编发刘海

编发的纹理会使刘海更加生动，并且呈现更加浪漫的感觉。

烫发刘海

烫发刘海摆放的位置不同可以有多种变化，可以呈现更生动的纹理、层次。

齐刘海

齐刘海可以是光滑的，也可以是有层次的，它可以给人更加年轻的感觉。

中分刘海

中分刘海在白纱、晚礼和中式造型中应用广泛，大部分情况下用在比较简约的造型中。

波纹刘海

波纹刘海一般在白纱、晚礼、中式的造型中使用，整体呈现很强烈的复古感。

古典假刘海

古典假刘海一般用来弥补古典造型的整体不足，长条形、三角形、桃心形比较多见。

在对造型变化比较困惑的时候，可以从变化刘海的思路入手，配合整体的变化及饰品搭配，使造型更多变。

第2章
新娘化妆造型搭配原理及工作要点

新娘婚纱的选择

　　目前国内结婚当天的婚纱以租用或者定做为主，而不管选择哪一种方式，都不可避免地要提前做很多准备工作。选择定做婚纱，一般要经过与设计师当面沟通、量体、设计样式、试穿坯布样衣、修改、成衣出品等一系列的流程，而成品大概需要十几天至几十天不等的制作时间，所以在婚期前几个月，就要开始为嫁衣做准备。而选择租用婚纱，也要提前一段时间去婚纱店试穿服装并确定使用服装的日期，便于婚纱店做好准备。

　　婚纱不仅要选择漂亮的，还要符合新娘自身的气质特点，所以要对婚纱的每一种设计适合什么样的人群有一个具体的了解。

领型、肩部设计

一字领

一字领又称无领，呈现横向的延展性，显得人比较干练。一字领的优点是胖瘦皆宜，缺点是不适合锁骨不明显或锁骨不平的人。

V字领

V字领因领口开放的形状而得名。V字领适合脖子比较短的新娘，在视觉上起到拉长脖子的作用。脸形比较长的新娘不适合V字领的婚纱，会显得脸更长。

圆领

圆领领口呈现U形的弧度，曲线比较柔和，一般婚纱的U形会开得比较深，目的是呈现美丽的锁骨。锁骨不明显的新娘，选择高开领口或者V字领会更理想。

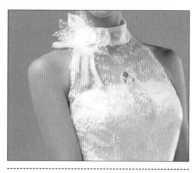

高领

高领的设计包裹得比较严实，是非常传统保守的一种款型，适合脖子比较长、胸部比较小的女性。高领的婚纱能体现复古的气息，适合比较年长或气质比较优雅的女性穿着。

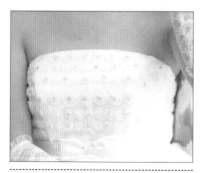

抹胸

抹胸是很多新娘会选择的一款设计，能很好地体现锁骨，并可以佩戴亮丽的项链作为装饰。但抹胸的婚纱不适合上身过于臃肿的人穿着，会显得赘肉非常明显。

肩带

肩带的设计分为窄、中、宽3种。身材比较瘦小的可以选择窄肩带的婚纱；比较宽的肩带可以适当遮挡肩膀，让肩膀较宽的新娘看上去没那么魁梧。

连袖

连袖婚纱能遮挡过于宽大的肩膀，但同时会使婚纱的款式看上去比较保守。

公主袖

公主袖又称为泡泡袖，一般出现在比较华丽的婚纱上，也会出现在可爱的晚礼服中，但是一定要注意，脖子比较短的人不能选择这种设计，因为它会让脖子看上去更短，并不会让人显得高贵或可爱。

裙摆设计

A形

A形裙摆具有从下至上呈塔形的设计，略显成熟，能体现典雅的美感，同时能遮挡赘肉。

蓬裙

蓬裙非常修饰身材，蓬起的下摆能让腰部看上去更细，还能体现出一种气质美。

拖尾

拖尾是指婚纱有一部分拖在地上，适合教堂等比较正式、圣洁的婚礼场合。缺点是非常重。拖尾有小拖尾、中拖尾、长拖尾之分，新娘可根据自己的承受能力进行选择，同时还要考虑走起路来是不是方便。

鱼尾

鱼尾婚纱对身体包裹得比较紧，可以展现胸部、腰部、臀部的曲线美感。鱼尾婚纱对身材的要求非常高，适合身材比较标准的新娘，同时穿鱼尾婚纱行动不是很方便。

综上所述，新娘在选择婚纱的时候要根据自身的实际情况来选择合适的款式，这样才能选到最适合自己的婚纱，做婚礼当天最美的新娘。

新娘头纱的选择与佩戴

头纱的类型

肘长式头纱

肘长式头纱的长度到新娘手肘处，这是一种非常流行的新娘头纱，可以使新娘显得优雅又不会弱化新娘的造型，也不会掩盖婚纱的光芒。

指长式头纱

指长式头纱的长度在手自然下垂的时候可达指尖的位置。这也是一种很常见的头纱，可以和大多数婚纱搭配。

华尔兹式头纱

华尔兹式头纱从头部一直延伸到脚踝。这种头纱比较适合想佩戴长头纱又不想穿拖尾式婚纱的新娘，这样婚纱与头纱的搭配会比较协调。

小教堂式头纱

小教堂式头纱从头部开始下垂，覆盖在新娘的婚纱上。这种头纱适合比较庄严的婚礼。

蔓帝拉式头纱

佩戴这种西班牙风格的蕾丝材质的蔓帝拉式头纱，可以增加婚礼的神秘气氛。这种头纱的长度可以变化，而且不需要将其固定在头发上。

多层新娘头纱

多层新娘头纱是有两层或两层以上的头纱，而且长度不一样。由于多层新娘头纱往往比单层新娘头纱大一些，所以要确保不会因为头纱过于抢眼而减弱了婚纱的美感。

不同的褶皱和花边也会使头纱呈现各种不同的感觉，下面我们来认识一些比较多见的不同褶皱的头纱。

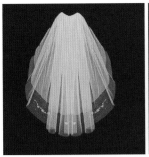
优雅感头纱

甜美感头纱

梦幻感头纱

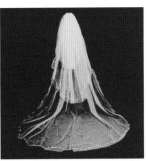
圣洁感头纱

简约浪漫感头纱

简约高贵感头纱

简约梦幻感头纱

雅致大气感头纱

仙美奢华感头纱

挑选头纱的方法

选择合适的长度与形状。大多数新娘会在行礼之后把头纱揭开并挂于头后。轻盈舒适的短头纱十分适合非传统经典的婚纱，如贴身剪裁、鱼尾形婚纱。长度到达指尖的头纱十分受欢迎，它有拉长身形的效果，能搭配任何款式的婚纱。长度到达手肘的头纱种类繁多、佩戴方便，能搭配大部分婚纱，使整体造型看起来雍容华贵而不落俗套。拖地头纱虽然效果夸张，但只有这种头纱能表达婚姻一辈子一次的神圣感。遮脸的头纱一般呈方形，短头纱和到手肘的头纱多为鹅蛋形，长度到指尖的头纱多呈泪滴形。新娘要根据自己的脸形和婚纱的样式选择合适的头纱。

选择合适的花纹及装饰。婚纱的风格各不相同，可以根据婚纱的风格及妆容造型选择有合适的花纹及装饰的头纱。如装饰绢花和珍珠的头纱比较柔美，装饰水钻和亮片的头纱比较华丽。在选择的时候要考虑到与妆容造型及婚纱的搭配效果。

选择能与头纱完美搭配的头饰。在选择搭配头纱的头饰的时候，首先从头纱的款式和质感上考虑，如拖地的头纱可以搭配较为华丽大气的皇冠等饰物。也可以从主次的角度去选择头饰：如果想主要体现头纱的美，那么可以选择简单自然的头饰；而如果想突出头饰，则可以选择简约风格的头纱。

如何佩戴头纱

头纱代表纯洁和快乐，在拍摄婚纱照和婚礼当天，新娘一般都会佩戴头纱。头纱一般由洁白如雪的白纱裁剪而成。头纱十分轻盈，新娘戴上后，会显得格外圣洁美丽。头纱上一般会用蕾丝、珍珠、水钻、绢花、花瓣等进行点缀，以增加美感。一般头纱佩戴在枕骨的位置，但因造型不同，佩戴位置也会有所不同。另外，在婚礼当天，佩戴头纱要考虑新娘和新郎的身高，头纱佩戴的位置太低会拉低新娘的身高，而如果新娘较矮，可适当抬高头纱的佩戴位置。

03

新娘头饰和配饰的选择与搭配

正确地佩戴饰品能为妆容造型加分，但并不是佩戴的饰品越多、越华丽就越好，一件饰品再漂亮也不会适合所有的妆容造型，只有进行恰当的搭配才能有绝佳的效果。

头饰的选择

头饰在新娘妆容造型中有很重要的作用，一款合适的头饰可以为造型加分。下面我们对一些常见的饰品做具体介绍。

皇冠饰品

永生花饰品

羽毛饰品

皇冠饰品一般会在高贵感造型中使用，也可用在复古造型中。

永生花饰品具有一些鲜花的生机，同时保存时间久，可以用在浪漫、灵动等具有唯美感的造型中。

羽毛饰品有一种柔美的质感，用在大部分造型中都会减弱造型的生硬感。但也有例外，如黑色羽毛给人神秘、时尚、冷艳的感觉。

帽子饰品

蕾丝饰品

绢花饰品

大部分帽子饰品充满复古感，用了帽子饰品的造型，其整体的复古感会提升很多。

蕾丝的通透感与柔和质地会使造型变得柔美、浪漫，可在视觉上增强温馨的感觉。

绢花是指用布料制作的花朵饰品，和鲜花、永生花相比有更多样式的变化，也能塑造更多风格的造型。

网纱饰品

网纱饰品会增加造型的空间层次感，可以与其他饰品搭配使造型更加柔美。

鲜花饰品

鲜花的优点是具有生命力，这一点是绢花和永生花都无法相比的，使用鲜花的造型基本都是为了呈现浪漫柔美感。

发带饰品

发带的类型有很多，有纱质发带、蕾丝发带、缎带和水钻发带等。纱质和蕾丝发带相对柔美浪漫，缎带发带比较复古，水钻发带比较高贵。

发夹类饰品

发夹类饰品主要起装饰、点缀的作用，其种类很多，有珍珠的、铁艺的、花朵的……

古典类饰品

古典类饰品的样式很多，发钗是比较常用的古典类饰品。

复古金色饰品

复古金色饰品一般用在复古奢华或复古高贵的造型中。

　　上面所介绍的饰品并不是所有婚礼中会用到的饰品，饰品之间可以通过巧妙的搭配塑造出更多的风格。当我们看到一款饰品的时候，首先应定位它的风格，然后搭配合适的妆容和服装，使造型整体更加完美。

颈饰、耳饰的风格

除了头饰之外，颈饰、耳饰这些用来搭配的饰品也很重要。下面列举了几种风格的配饰，可以让我们在搭配这些配饰的时候把握选择方向。

1. 端庄高贵风格的耳饰、颈饰

不管流行风格怎么变化，总有一些风格一直被大部分人接受，因为这些风格的适应性极佳，所以才能一直立于不败之地。端庄高贵风格的新娘造型就属于这种风格，只是随着流行趋势的变化会在造型细节和饰品的选择上加以变化，但基本的风格走向是不变的。

钻石耳饰
钻石耳饰一般会选用大颗的钻石，比较常见的是偏长、流线感比较好的耳饰。偏长的耳饰有拉长脸形的作用，选择这种耳饰会使脸显得更瘦、更立体。

宝石耳饰
宝石耳饰是指镶嵌了大颗的仿宝石的耳饰，这种耳饰会增添新娘的高贵感。

珍珠耳饰
珍珠耳饰一般会将珍珠镶嵌在金属底座上，这样的饰品柔美中不失高贵，非常适合用在端庄高贵风格的新娘造型中。

复古夸张耳饰
复古夸张耳饰较为夸张大气，一般和复古华丽的皇冠一起使用。

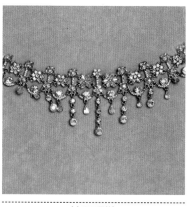
钻石项链
钻石项链与钻石耳饰一般作为端庄高贵造型的配套饰品使用，在端庄高贵风格的新娘造型中可适当选择一些较为大气的钻石项链，这样会使造型整体具有更强的高贵感。注意过细的链子会弱化高贵感。

珍珠项链
珍珠项链是将珍珠穿成一串以装饰颈部的饰品。珍珠项链非常适合用在端庄高贵风格的新娘造型中。

2. 浪漫唯美风格的耳饰、颈饰

我们首先从浪漫唯美这个词来初探这种类型的新娘造型呈现的感觉。浪漫，顾名思义一定是随性、不刻板的，过于光滑的发丝表现的风格可以是复古的、高贵的、优雅的，但绝对不是浪漫的。从佩戴饰品的角度去分析，唯美风格的饰品给我们的感觉是质感柔软、表现形式灵动、制作精巧。

花形耳饰

花形耳饰是指饰品的设计是花瓣、花朵的形状，质感各不相同，一般打造浪漫唯美风格的造型时会选择较为精致小巧或线条感好的花形耳饰。

珍珠耳饰

使用精巧的珍珠耳饰，会增添造型的柔和感，使造型唯美浪漫的感觉得到更好的体现。

彩钻耳饰

彩钻耳饰是指用彩色的钻设计制作的耳饰，彩钻的质感相对于白钻会柔和很多，也更能体现柔美感。

宝石耳饰

将宝石耳饰用在浪漫唯美风格的新娘造型中时，注意不要选择色彩饱和度过高、颜色过于冷艳的，而要选择色彩柔和并且较为小巧精致的宝石耳饰。

花形项链

花形项链是指有很多花朵点缀的项链，决定使用这种项链的时候可以选择稍微夸张些的，这样既可以呈现项链的视觉效果，又可以与造型相互呼应。

3. 复古风格的耳饰、颈饰

　　复古风格是近几年比较流行的一种风格，较常见的是欧式复古风格，但现在的一些复古风格中也融入了一些中式元素。复古风格比较适合气质端庄沉稳的人，如果气质过于甜美可爱，使用这种造型就会显得老气，与气质不符。其实不管哪种风格都有它的亮点，有时候不是造型不够漂亮，而是我们选择失误。

宝石耳饰

彩钻耳饰

珍珠项链

宝石耳饰的宝石色彩很丰富，用于复古风格新娘造型的宝石耳饰的宝石一般都比较大，色彩也都较深，如墨绿色、宝蓝色等，一般不会选择过于艳丽的色彩。

彩钻耳饰用在复古风格的新娘造型中时，一般彩钻的色彩比较深，基座的色彩较为古朴。

针对复古风格的新娘造型，可以选择一些比较大气的珍珠项链，使造型整体不仅复古，而且更大气。

4. 时尚简约风格的耳饰、颈饰

　　时尚简约风格的造型变化比较多样，但一般会遵循一个规律，就是没有过多的造型结构。但结构简单并不等于造型简单，往往越简单的造型越需要精致到位的细节。较多的造型结构会分散我们的注意力，而简单的造型会让我们更加关注细节。这需要我们对佩戴饰品有比较好的把握能力。佩戴合适的饰品可提升造型的美感，而如果饰品佩戴得不恰当，就会减弱造型的美感，反而给人一种画蛇添足的感觉。

钻石耳饰

时尚耳饰

宝石项链

钻石耳饰的表现形式多样，可根据新娘脸形选择合适的款式。一般使用钻石质感的头饰时，可以选择钻石耳饰来搭配。

时尚耳饰是指偏向于时装款式的耳饰，在打造时尚简约风格的新娘造型时可酌情选择，但要注意符合造型的特点，不要过于夸张。

具有古朴内敛设计感的宝石项链比较适合在时尚简约风格的新娘造型中使用，可以在时尚中体现经典之美。

5.甜美可爱风格的耳饰、颈饰

　　甜美可爱风格的造型对年龄感有一定的要求，一般比较适合年龄感比较小的人。长相过于成熟，五官棱角过于分明的人不太适合这种风格的造型，因为会给人一种怪异的感觉。选择这种造型的时候，要先观察新娘是否能够驾驭这种风格的造型，可以通过五官、脸形、肤质、气质几个方面进行细致的观察。有的时候造型不好看不是因为造型本身有问题，而是因为我们没有找到契合点。

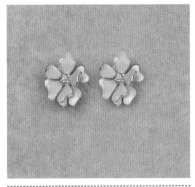

彩色花朵耳饰

色彩比较亮丽的花朵形耳饰点缀在甜美可爱的造型中会增加整体造型的跳跃感，使新娘更加可爱俏皮。

塑料耳饰

塑料耳饰的表现形式有很多，如圆形、椭圆形等，色彩也比较多样。一般甜美可爱的造型会选择小巧精致的塑料耳饰进行点缀。

珍珠项链

甜美可爱的造型选择的珍珠项链以偏细、设计感比较精致的项链为主。也可以选择珍珠与蕾丝相互结合的、有设计感的项链。

6.优雅大气风格的耳饰

　　优雅大气风格是一种比较接地气的造型风格，这里所说的接地气是指优雅大气风格的造型的适用人群较为广泛，虽然没有过多的亮点，但也不容易出错。优雅大气风格介于端庄高贵与浪漫唯美之间，同时还带有一些复古的感觉，是一种综合性较强的造型风格。

花形耳饰

优雅大气风格新娘造型的耳饰要简约精致，不论是色彩还是造型都不要过于夸张。

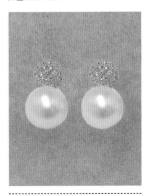

珍珠耳饰

珍珠耳饰可以是大颗的珍珠造型的耳饰，也可以是在金属底座上点缀珍珠的耳饰，珍珠与优雅大气风格的新娘造型非常契合。

宝石耳饰

宝石耳饰的适用范围很广泛，用在优雅大气风格的新娘造型中时，会在优雅中体现出复古感。

钻石耳饰

钻石耳饰是在简约的金属链上装饰小颗钻石的耳饰，用在优雅大气风格的新娘造型中可以起到很好的点缀作用。

新娘化妆造型师与新娘的沟通技巧

售货员在将货物卖给客户之前，都要先与客户进行沟通，才能达到销售的目的。最简单的销售形式就是不停地介绍自己的产品的优点，但这样的销售形式往往会让客户产生抵触心理，不容易成功销售。而作为新娘的化妆造型师，自身的技能就是一种商品，如果能让新娘接受、信任自己，就是成功"销售"自己的有力证明。

作为一名专业的化妆造型师，只有技术是不够的，好的个人形象、优秀的语言表达能力及修养也很重要。

个人形象

曾经有这样一件事，有一名化妆技术不错的化妆造型师，因为非常不注意自身的形象，所以被客户换掉了，究其原因，客户认为化妆造型师自己都打扮不好自己，因此不放心让她设计形象。这虽然是个例，但不得不承认，在当今的社会，尤其在服务行业，个人形象是非常重要的。如果第一印象难以被客户接受，那么何谈继续深入地沟通呢？个人形象的好坏，关键不在于长相的美丑，而在于个人穿着是否得体、是否起到了扬长避短的作用、是否适合自己。

丰富的阅历

掌握专业知识是化妆造型师分内的事情，在面对客户的时候，不但要让客户信赖你的专业能力；还要凭借自己对各方面知识的了解迅速地与客户成为朋友，这样才能更好地完成工作，甚至获得更多人脉。可想而知，买卖关系和朋友关系的收获是不一样的。如何才能与客户成为朋友？投其所好是最好的方式，正所谓"话不投机半句多"，有共同感兴趣的话题的人才更有可能成为朋友。每个人的爱好都不一样，例如股票、时尚、美容、汽车、军事……我们要做的不是精通，而是有所了解，只要在业余时间多关注各类资讯就足够了。

修养

修养是一个人长时间养成的个人品德，我们要做

到的是给人诚实可靠、值得信任的感觉。婚礼对新娘来说是一辈子至关重要的，因此新娘不会将妆容托付给不值得信任的人。

指导性建议

化妆造型师对新娘来说是专业的，大部分新娘都希望得到化妆造型师的建议，因此我们应该做的是给新娘专业的指导性建议。一般新娘会在离婚礼还有几个月的时候试妆，我们可以对婚礼前的护肤、形体、头发护理、微整形、婚纱、婚鞋的选择给出建议，这些看似与自己的工作关系不大，但会让客户对我们更加信赖。

扬长避短

不可否认，每个人都喜欢听到夸奖的话。"忠言逆耳利于行"的道理不适合用在交往不够深入的关系中。我们要学会赞美别人。夸奖别人要有方法，做作、夸张、不切实际的夸奖是无法让人产生共鸣的，直白的夸奖又会给人阿谀奉承的感觉。如果一个人长得本来就很漂亮，那么夸她漂亮并不会在她心中留下比较深的印象，可以从品味、气质等方面侧面地夸奖她。如果一个人本身不漂亮，那么夸她漂亮就会显得很虚伪，而且没有成效，也许她的身材比较好，眼睛比较漂亮等，可以在这些方面对其进行赞赏。

技巧不是投机取巧，沟通是为了能更好地完成我们的工作。

新娘化妆造型试妆注意事项

新娘会在婚礼之前经过试妆，选择自己喜欢的化妆造型师作为自己婚礼当天的化妆造型师。试妆是化妆造型师被选择的过程，化妆造型师属于被动的角色，如何才能提高自己的成功概率呢？下面给出了答案。

不要通过贬低别人来抬高自己

自我推销是必不可少的，这种推销是通过自己的介绍，让新娘了解自己的资历和技术水平。大部分新娘在试妆的时候不会只选择一个化妆造型师，而是在多次试妆之后选择最适合自己的一个。新娘在试妆的时候也许会提到某一个化妆造型师，在不想对某人做评价的时候可以不去评论，但是切记不要去贬低别人，因为那样并不会抬高自己在新娘心中的位置，反而会让新娘对自己的人品产生怀疑。

试妆之前进行沟通

在试妆之前要与新娘进行沟通，有时候试妆失败不是因为化妆造型师技术有问题，而是因为化妆造型师对新娘不够了解，所以设计不出新娘喜欢的妆容造型。因此在准备试妆之前，我们要先了解新娘喜欢的造型风格和妆容等细节问题，这样设计出来的妆容造型才能让新娘满意。

干净整洁的产品和得体的仪容

在试妆的时候一定要让客户对产品放心。首先就要保证刷具和化妆品干净，因为品牌再好、档次再高的化妆品和刷具，如果看起来不干净，客户都会在试妆之前就产生抵触心理，也降低了试妆成功的概率。化妆造型师自己的仪容也非常重要，着装要得体。还有一些细节要注意，例如，手部和指甲要保持洁净，口腔要清洁，不要吃带异味的东西等。这些都会增强客户的信任感。

牢记试妆当天确定的妆容造型

试妆当天最终确定的妆容造型，就是婚礼当天的妆容造型。也许当时的记忆比较深刻，但是婚期与试妆的时间往往距离几个月之久，而新娘化妆造型师基本不可能在几个月的时间内只有这一单生意，因此如果不通过某些方式加以记录的话，很容易记混或者忘记。最简单的记录方式就是拍下妆容造型的各个角度，在电脑上创建文件夹，将照片放入其中并标记好时间。

把握好与新娘陪同人员的关系

新娘在试妆的时候一般会有陪同人员，陪同人员一般会是新娘的未婚夫、父母或者姐妹。不管是什么人都不能怠慢，因为陪同人员的意见往往会左右新娘的决定。试妆时新娘和陪同人员之间肯定会有所交流，这种交流不一定是关于妆容造型的，也许是关于社会的话题，这个时候就是加入讨论的一个很好的时机，这种交流会增进彼此的关系，增加试妆的成功率。但是如果双方的聊天是很私人的问题，或者涉及自己不认识的人，千万不要加入这种讨论，更不要对某些人或事做评价，这样不但收不到很好的效果，反而会让别人反感。

细致试妆

　　试妆的时候要足够细致，试妆时的妆容与婚礼当天的妆容相比更加烦琐，因为试妆的时候可能要试多个造型，妆容也会有所改动，通过这些确定婚礼当天使用哪款妆容造型，时间会比婚礼当天用的时间长。细致试妆可以提高试妆的成功率，同时明确的妆容造型也会为婚礼当天的工作节省很多时间，使工作更轻松。

控制好速度

　　婚礼当天的时间是很紧张的，因此不太可能给更换妆容造型留太多的时间，所以在试妆的时候要考虑造型与造型之间的衔接，妆容与妆容之间的色彩关系。一般婚礼当天的换妆时间大概只有十分钟或者几分钟，这其中还包括换服装的时间。所以我们在做第一个造型的时候就要考虑到第二个造型能不能在第一个造型的基础上，用最短的时间做到最好的改变。如果妆容的色彩需要改变，一般采用加色的形式，也就是说在第一个妆容的基础上适当添加色彩使其变成第二个妆容。这些都需要我们在试妆的时候就考虑到并确定下来，这样婚礼当天的工作才能顺利完成。

第3章
新娘化妆造型风格妆容解析

高贵新娘白纱妆容

妆容解析：

处理此款妆容时要注意妆容整体没有过于抢眼的色彩。眉形清晰，眉毛色彩淡雅。

1.魅可时尚焦点小眼影（WHITE FROST）
2.魅可时尚焦点小眼影（WEDGE）
3.日月晶采光透美肌眼影（01 BEIGE BEIGE大地色）
4.唯魅秀轻奢美睫双头睫毛膏
5.芭比波朗晴彩魅惑眼线笔（1#）

6.月儿公主假睫毛（N12）
7.CANMAKE防水持久染眉膏（02）
8.植村秀砍刀眉笔（3#）
9.圣罗兰情挑诱吻唇蜜（1#）
10.唯魅秀花漾悦色腮红（F06）

01 用珠光白色眼影提亮上眼睑。

02 用珠光白色眼影提亮下眼睑。

03 在上眼睑眼尾处晕染亚光咖啡色眼影。

04 在下眼睑后半段晕染亚光咖啡色眼影。

05 在上眼睑处晕染金棕色眼影，与亚光咖啡色眼影形成过渡。

06 在下眼睑处晕染金棕色眼影，与亚光咖啡色眼影形成过渡。

07 提拉上眼睑，用眼线笔描画眼线，眼尾自然上扬。

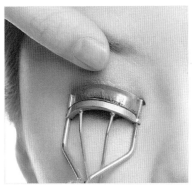

08 提拉上眼睑，用睫毛夹将睫毛夹卷翘。

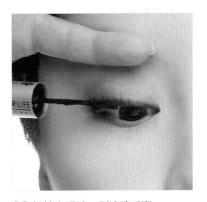

09 提拉上眼睑，刷涂睫毛膏。

10 用睫毛膏刷涂下睫毛，使下睫毛根根分明。

11 在上眼睑后半段粘贴假睫毛。

12 在上眼睑眼尾处用咖啡色眼影晕染加深。

13 用染眉膏将眉色染淡。

14 用咖啡色眉笔描画眉形。

15 用眉笔自然描画眉头，使眉形更加具有整体感。

16 在唇部刷涂自然润泽的唇蜜。

17 斜向晕染腮红，以提升妆容的立体感。

18 在颊侧将腮红适当晕染加深。

时尚新娘白纱妆容

妆容解析:

处理此款妆容时要注意妆容的整体色彩饱和度比较高。眼妆运用了丰富妆容色彩的眼影。整体妆容时尚艳丽。

1.魅可时尚焦点小眼影（WHITE FROST）

2.芭比波朗晴彩魅惑眼线笔（1#）

3.唯魅秀潮流风暴四色烤粉眼影（K02）

4.玛丽黛佳多米诺创意眼影（Z71）

5.唯魅秀羽扇臻密纤长睫毛膏

6.月儿公主假睫毛（3D-5）

7.唯魅秀酷感双眸持久眼线水笔（02#）

8.KISSME HEAVY ROTATION染眉膏（03#）

9.唯魅秀持久耐汗水型眉笔（02#）

10.魅可子弹头唇膏（RUBY WOO）

11.唯魅秀花漾悦色腮红（F05）

（各品牌美目贴效果相差不大，此处及其余"美妆产品介绍"板块不再提及）

01 在上眼睑处粘贴美目贴，以增加双眼皮的宽度。

02 在上眼睑处晕染珠光白色眼影。

03 在内眼角处晕染珠光白色眼影。

04 提拉上眼睑，用眼线笔描画眼线。

05 在上眼睑处晕染金棕色眼影。

06 在下眼睑处晕染红色眼影。

07 用金棕色眼影将下眼睑处的红色眼影晕染开。

08 在上眼睑靠近睫毛根部的位置晕染红色眼影。

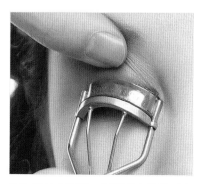

09 提拉上眼睑，用睫毛夹将睫毛夹卷翘。

10 提拉上眼睑，刷涂睫毛膏。

11 用睫毛膏刷涂下睫毛。

12 在上眼睑处粘贴较为浓密的假睫毛。

13 在内眼角处用持久眼线水笔描画眼线，以拉长眼形。

14 在上眼睑处晕染金棕色眼影。

15 用染眉膏将眉色染淡。

16 用咖啡色水眉笔描画补充眉头。

17 用咖啡色水眉笔描画补充眉形，使眉形更加完整。

18 在唇部涂抹亚光红色唇膏。

19 晕染红润感腮红，使妆容整体更加协调。

雅致新娘白纱妆容

妆容解析：

处理此款妆容时，要注意眼妆的立体感。用橘色系的唇妆和腮红确定妆容清新雅致的风格。

───美妆产品介绍───

1.魅可时尚焦点小眼影（WHITE FROST）　　　6.卡姿兰眼线笔（01#自然黑）

2.唯魅秀潮流风暴四色烤粉眼影（K01）　　　7.1818拉线眉笔（咖啡色）

3.芭比波朗浓魅大眼睫毛膏　　　　　　　　　8.唯魅秀奥斯卡风尚亚光唇膏（M03）

4.月儿公主假睫毛（N03）　　　　　　　　　9.唯魅秀琉璃时光丰唇蜜（W02）

5.KISSME HEAVY ROTATION染眉膏（03#）　　10.魅可时尚胭脂（Foolish me）

01 用珠光白色眼影提亮上眼睑。

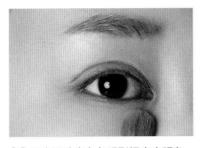

02 用少量珠光白色眼影提亮内眼角。

03 在上眼睑靠近睫毛根部的位置用深金棕色眼影晕染过渡。

04 在下眼睑处用深金棕色眼影晕染过渡。

05 在上眼睑处用金棕色眼影晕染过渡。

06 提拉上眼睑，描画黑色眼线。

07 将睫毛夹翘后用睫毛膏自然刷涂睫毛。

08 在上眼睑靠近睫毛根部粘贴自然感假睫毛。

09 用棕色染眉膏将眉毛染淡。

10 用咖啡色眉笔描画眉形。

11 自然地晕染偏橘色调的胭脂。

12 在唇部描画橘色唇膏。

13 用唇蜜点缀唇部，使唇色亮泽自然。

唯美新娘白纱妆容

妆容解析:

处理此款妆容时要注意,妆容整体呈现清新、淡雅的唯美感。不要将眼妆晕染得过重,否则会影响整体的美感。

───── 美妆产品介绍 ─────

1.魅可时尚焦点小眼影（WHITE FROST）   5.唯魅秀持久耐汗水型眉笔（02＃）

2.日月晶采光透美肌眼影（01 BEIGE BEIGE大地色）   6.魅可子弹头唇膏（Morange）

3.兰蔻梦魅睛灵防水"大眼娃娃"睫毛膏   7.纳斯炫色腮红（ORGASM）

4.月儿公主假睫毛（N12）

01 在上眼睑处晕染少量珠光白色眼影。

02 在下眼睑内眼角处晕染少量珠光白色眼影。

03 在上眼睑处晕染少量浅金棕色眼影。

04 在下眼睑处晕染少量浅金棕色眼影。

05 在上、下眼睑处分别晕染金棕色眼影。

06 在上眼睑处用少量浅金棕色眼影晕染，使眼影更具层次感。

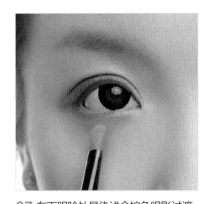

07 在下眼睑处晕染浅金棕色眼影过渡。

08 在上眼睑处晕染少量珠光白色眼影过渡。

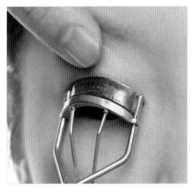

09 提拉上眼睑，用睫毛夹将睫毛夹卷翘。

10 提拉上眼睑，刷涂睫毛膏，使睫毛更加浓密。

11 用睫毛膏刷涂下睫毛。

12 在上眼睑靠近睫毛根部粘贴假睫毛。

13 在上眼睑靠近眼尾处粘贴一段假睫毛。

14 用咖啡色水眉笔描画眉形。

15 在唇部描画橘色唇膏，使唇形饱满。

16 晕染腮红，提升妆容立体感。

05

画意贴面新娘白纱妆容

妆容解析：

此款妆容采用较为柔和的色彩，让眼妆更富有层次感。通过在面部装饰亮片和珍珠使妆容更加具有画意和唯美的感觉。

125

—美妆产品介绍—

1.魅可时尚焦点小眼影（WHITE FROST）　　7.植村秀砍刀眉笔（3#）

2.赫莲娜猎豹睫毛膏（防水型）　　　　　　8.唯魅秀花漾悦色腮红（F03）

3.日月晶采双魅眼影（5#）　　　　　　　9.唯魅秀流光丰润唇膏（A03）

4.唯魅秀潮流风暴四色烤粉眼影（K01）　　10.唯魅秀琉璃时光丰唇蜜（W07）

5.TOM FORD金色系单色眼影膏（3#）　　11.月儿公主假睫毛（N23）

6.CANMAKE防水持久染眉膏（02）

01 在上眼睑处晕染珠光白色眼影。

02 在眼头处晕染珠光白色眼影。

03 处理好真睫毛后，在上眼睑处粘贴假睫毛。

04 刷涂睫毛膏，使下睫毛更加浓密。

05 在上眼睑处淡淡地晕染珠光紫色眼影。

06 在下眼睑处淡淡地晕染珠光紫色眼影。

07 在上眼睑眉下位置晕染珠光白色眼影。

08 在上眼睑眼尾处晕染棕红色眼影。

09 在下眼睑眼尾处晕染棕红色眼影。

10 在眼头处晕染少量金色眼影膏。

11 刷涂染眉膏，将眉色染淡。

12 用咖啡色眉笔描画眉形。

13 晕染粉嫩感腮红，使面色红润。

14 在面部粘贴装饰亮片和珍珠。

15 在唇部刷涂粉嫩感唇膏。

16 用少量透明唇蜜点缀唇部。

复古新娘白纱妆容

妆容解析：

此款妆容用眼线笔拉长了眼形，同时对下眼线进行了刻画。搭配红色唇妆，使整体妆容更加复古妩媚。

———美妆产品介绍———

1.奇士梦幻泪眼眼线液笔

2.芭比波朗晴彩魅惑眼线笔（1#）

3.植村秀白色双头眼线笔

4.日月晶采光透美肌眼影（01 BEIGE BEIGE大地色）

5.唯魅秀持久耐汗水型眉笔（02#）

6.魅可唇彩（Lasing lust）

7.唯魅秀纯色致柔腮红（G02）

8.月儿公主假睫毛（G5-05）

01 处理好真睫毛后粘贴假睫毛。

02 在上眼睑位置用眼线液笔描画眼线，使眼尾自然上扬。

03 向前描画，将眼线补充完整。

04 描画眼头位置的眼线，以拉长眼形。

05 在下眼睑后半段用眼线笔描画眼线。

06 在下眼睑前半段用珠光白色眼线笔描画卧蚕。

07 在上眼睑靠近眼尾位置晕染金棕色眼影。

08 在下眼睑处晕染金棕色眼影加深凹陷感。

09 用咖啡色眼影在眉头下方晕染加深。

10 用水眉笔加深眉色。

11 在唇部涂抹红色唇彩，使唇部亮泽红润。

12 晕染红润感腮红，以协调妆感。

07

明星新娘白纱妆容

妆容解析：
此款妆容精致的眼线使眼妆显得生动自然，与经典的红唇搭配，使整体妆容具有复古时尚的气质。

———— 美妆产品介绍 ————

1.唯魅秀持久耐汗水型眉笔（01#）
2.魅可时尚焦点小眼影（WHITE FROST）
3.芭比波朗晴彩魅惑眼线笔（1#）
4.唯魅秀酷感双眸持久眼线水笔（01#）
5.唯魅秀潮流风暴四色烤粉眼影（K01）
6.资生堂恋爱魔镜睫毛膏超现实激长款
7.魅可子弹头唇膏（RUBY WOO）
8.唯魅秀花漾悦色腮红（F02）

01 用水眉笔描画眉形，将眉形补充完整。

02 用珠光白色眼影提亮上眼睑。

03 在下眼睑眼头处晕染珠光白色眼影。

04 提拉上眼睑，描画眼线，眼线呈前窄后宽的三角形。

05 用眼线水笔加深眼线。

06 在上眼睑后半段局部加深晕染金棕色眼影。

07 在下眼睑处晕染金棕色眼影。

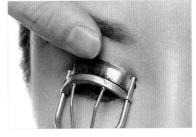

08 提拉上眼睑，用睫毛夹将睫毛夹卷翘。

09 提拉上眼睑，用睫毛膏刷涂上睫毛。

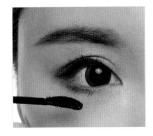

10 用睫毛膏涂刷下睫毛。

11 在唇部涂抹红色唇膏，使唇部亮泽红润。

12 用唇刷将唇部边缘处理得清晰、饱满。

13 斜向晕染腮红，以提升妆容的立体感。

08

新娘浪漫晚礼妆容

妆容解析：

此款妆容对眼尾进行了局部刻画，使眼妆更加立体，搭配橘色的唇妆和腮红，整体妆容呈现清新浪漫的复古感。

1.魅可时尚焦点小眼影（WHITE FROST）

2.魅可时尚焦点小眼影（WEDGE）

3.日月晶采光透美肌眼影（01 BEIGE BEIGE大地色）

4.芭比波朗晴彩魅惑眼线笔（1#）

5.赫莲娜猎豹睫毛膏（防水型）

6.CANMAKE防水持久染眉膏（02）

7.植村秀砍刀眉笔（3#）

8.魅可子弹头唇膏（Morange）

9.魅可时尚胭脂（Foolish me）

10.星级睫毛套组

11.月儿公主假睫毛（N23）

01 在上眼睑处晕染珠光白色眼影。

02 在眼头处晕染珠光白色眼影。

03 在上眼睑眼尾处晕染亚光咖啡色眼影。

04 在下眼睑眼尾处晕染亚光咖啡色眼影。

05 在上眼睑处晕染金棕色眼影。

06 在下眼睑处晕染金棕色眼影。

07 在上眼睑处晕染珠光白色眼影。

08 在下眼睑眼头处晕染珠光白色眼影。

09 提拉上眼睑，用黑色眼线笔描画眼线。

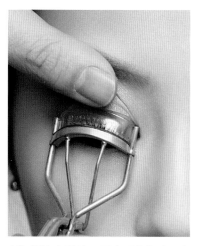

10 提拉上眼睑，用睫毛夹将睫毛夹卷翘。

11 提拉上眼睑，刷涂睫毛膏。

12 在上眼睑粘贴假睫毛。

13 用镊子将粘贴好的假睫毛适当上抬。

14 在下眼睑分簇粘贴假睫毛。

15 用染眉膏刷涂眉毛，以减淡眉色。

16 用咖啡色眉笔补充描画眉形。

17 在唇部刷涂橘色唇膏。

18 晕染橘色胭脂，以协调妆感。

新娘唯美晚礼妆容

妆容解析：
此款妆容采用玫红色眼线，搭配暖色调的唇妆及腮红，使整体妆容更加符合唯美的主题。

1.魅可时尚焦点小眼影（WHITE FROST）
2.芭比波朗晴彩魅惑眼线笔（1#）
3.芭比波朗浓魅大眼睫毛膏
4.玫珂菲防水炫彩眼线液笔（玫红色）
5.植村秀砍刀眉笔（1#）
6.独角兽丝绒雾面亚光唇釉（PINK）
7.唯魅秀奥斯卡风尚亚光唇膏（M01）
8.纳斯炫色腮红（DESIRE）
9.ETUDE HOUSE单色眼影（RD302#）
10.月儿公主假睫毛（N03）

01 用珠光白色眼影提亮上眼睑。

02 用珠光白色眼影提亮下眼睑。

03 提拉上眼睑，用眼线笔描画自然眼线。

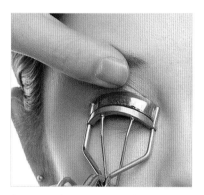

04 提拉上眼睑，用睫毛夹将睫毛夹卷翘。

05 提拉上眼睑，刷涂睫毛膏。

06 在上眼睑处自然地粘贴几根假睫毛。

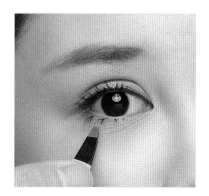

07 在下眼睑处自眼尾开始分段向前粘贴假睫毛。

08 在上眼睑紧贴睫毛根部描画一条玫红色眼线。

09 在上眼睑处用玫红色腮红粉做淡淡的晕染。

10 在下眼睑处用少量红色眼影晕染过渡。

11 用黑色眉笔自然地描画眉头。

12 用黑色眉笔填涂眉形。

13 在唇部涂抹玫红色唇釉，然后用少量红色唇膏在唇内侧叠加刷涂，增加唇的立体感。

14 在靠近颊侧晕染少量腮红，以提升妆容立体感。

新娘时尚晚礼妆容

妆容解析：

此款妆容唇形处理得饱满立体，确定了妆容的时尚基调。眉形微微向上挑，为了不使整体妆感显得过重，眼妆采用了自然淡雅的处理方式。

1.魅可时尚焦点小眼影（WHITE FROST）

2.日月晶采光透美肌眼影（01 BEIGE BEIGE大地色）

3.兰蔻梦魅睛灵防水"大眼娃娃"睫毛膏

4.月儿公主假睫毛（N23）

5.植村秀砍刀眉笔（1#）

6.魅可子弹头唇膏（RUBY WOO）

7.唯魅秀花漾悦色腮红（F06）

01 在上眼睑处晕染珠光白色眼影。

02 在上眼睑处晕染金棕色眼影。

03 将眼尾处的眼影适当加深，使眼部具有轮廓感。

04 在下眼睑处晕染金棕色眼影。

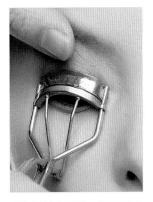

05 提拉上眼睑，用睫毛夹将睫毛夹卷翘。

06 提拉上眼睑，刷涂睫毛膏。

07 用睫毛膏刷涂下睫毛。

08 在上眼睑处粘贴假睫毛。

09 用黑色眉笔描画眉形。

10 在唇部涂抹亚光红色唇膏。

11 在唇峰处描画出棱角。

12 斜向晕染腮红，以提升面部的立体感。

11

新娘复古晚礼妆容

妆容解析：

此款妆容的睫毛处理得比较妩媚，同时用眼线笔拉长眼线，使眼妆更加复古，眉形处理得比较有立体感。整体妆容复古优雅。

1. 唯魅秀羽扇臻密纤长睫毛膏
2. 魅可时尚焦点小眼影（WHITE FROST）
3. 唯魅秀潮流风暴四色烤粉眼影（K02）
4. 芭比波朗睛彩魅惑眼线笔（1#）
5. 奇士梦幻泪眼眼线液笔
6. 植村秀砍刀眉笔（3#）
7. 唯魅秀流光丰润唇膏（A05）
8. 欧莱雅琉金唇膏（G101#）
9. 唯魅秀纯色致柔腮红（G03）
10. 月儿公主假睫毛（3D-5）

01 处理好真睫毛后，提拉上眼睑并粘贴假睫毛。

02 用睫毛膏刷涂下睫毛。

03 在上眼睑处晕染珠光白色眼影。

04 在上眼睑处晕染棕红色眼影。

05 在下眼睑处晕染棕红色眼影。

06 用黑色眼线笔描画眼线。

07 提拉上眼睑，描画眼线。

08 继续向前描画，将眼线补充完整。

09 用黑色眉笔补充描画眉形。

10 在唇部涂抹红色亮泽唇膏。

11 在唇部点缀少量金色唇膏，使唇部更具光泽感。

12 斜向刷涂腮红，以提升妆容立体感。

新娘清新晚礼妆容

妆容解析：

此款妆容的色彩淡雅，注重对上下睫毛的处理，精致的睫毛使眼妆更加生动。整体妆容清新唯美。

———美妆产品介绍———

1.唯魅秀潮流风暴四色烤粉眼影（K01）　　5.CANMAKE防水持久染眉膏（02）

2.魅可时尚焦点小眼影（WEDGE）　　　　6.KATE立体造型三色眉粉（EX-4）

3.赫莲娜猎豹睫毛膏（防水型）　　　　　　7.YUEXLIN经典雾面口红（901）

4.月儿公主假睫毛（G5-29）　　　　　　　8.魅可时尚胭脂（Foolish me）

01 用浅金棕色眼影对上眼睑进行晕染。

02 用浅金棕色眼影对下眼睑进行晕染。

03 在上眼睑处用金棕色眼影进行晕染过渡。

04 在下眼睑处用金棕色眼影进行晕染过渡。

05 在上眼睑后半段靠近睫毛根部的位置用小号眼影刷加深晕染亚光咖啡色眼影。

06 在下眼睑眼尾局部用小号眼影刷加深晕染亚光咖啡色眼影。

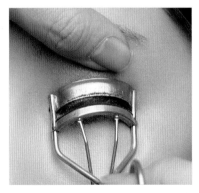

07 提拉上眼睑，用睫毛夹将睫毛夹卷翘。

08 提拉上眼睑，用睫毛膏刷涂上睫毛。

09 用睫毛膏刷涂下睫毛。

10 从上眼睑眼尾开始一根根地粘贴假睫毛。

11 将假睫毛紧贴真睫毛根部粘贴。

12 越靠近内眼角，粘贴的假睫毛越短。

13 在下眼睑眼尾处从后向前粘贴假睫毛。

14 下眼睑的睫毛粘贴得比较密，注意每根睫毛之间的衔接。

15 越靠近内眼角，假睫毛越短。

16 用染眉膏将眉色染淡。

17 用咖啡色眉粉刷涂补充眉形。

18 用雾面口红刷涂嘴唇。

19 晕染橘色胭脂，使妆感更加柔和。

新娘优雅晚礼妆容

妆容解析：
此款妆容通过眼线拉长眼形，搭配略显硬朗的眉形，使整体妆容呈现出一种优雅的感觉。

1.魅可时尚焦点小眼影（WHITE FROST）
2.魅可时尚焦点小眼影（Woodwinked）
3.赫莲娜猎豹睫毛膏（防水型）
4.芭比波朗晴彩魅惑眼线笔（1#）
5.奇士梦幻泪眼眼线液笔

6.月儿公主假睫毛（N23）
7.KISSME HEAVY ROTATION染眉膏（03#）
8.植村秀砍刀眉笔（3#）
9.唯魅秀纯色致柔腮红（G07）
10.唯魅秀奥斯卡风尚亚光唇膏（M02）

01 用珠光白色眼影提亮上眼睑。

02 用珠光白色眼影提亮眼头。

03 在上眼睑处用浅金棕色眼影进行晕染过渡。

04 在下眼睑处用浅金棕色眼影进行晕染过渡。

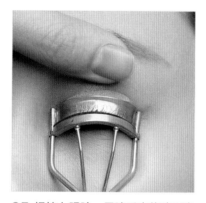

05 提拉上眼睑，用睫毛夹将睫毛夹卷翘。

06 提拉上眼睑，刷涂睫毛膏。

07 用睫毛膏刷涂下睫毛。

08 提拉上眼睑，用黑色眼线笔描画眼线。

09 提拉上眼睑，用眼线液笔加深眼线。

10 在上眼睑紧贴真睫毛根部的位置粘贴假睫毛。

11 在上眼睑后半段局部叠加粘贴假睫毛。

12 用染眉膏将眉色染淡。

13 用咖啡色眉笔描画眉形。

14 晕染红润感腮红，使妆感更加唯美。

15 在唇部刷涂红润感唇膏，使唇色红润自然。

新娘魅惑旗袍妆容

妆容解析：
处理此款妆容时要注意眼影的走向，使眼妆看起来自然、妩媚。

1. 魅可时尚焦点小眼影（WHITE FROST）
2. 卡姿兰眼线笔（01#自然黑）
3. 1818拉线眉笔（咖啡色）
4. 月儿公主假睫毛（N03）

5. 魅可时尚焦点小眼影（WEDGE）
6. 唯魅秀潮流风暴四色烤粉眼影（K02）
7. 魅可子弹头唇膏（RUBY WOO）
8. 纳斯经典修容腮红（#Outlaw）

01 用棕色眉笔描画眉形，眉形偏细且无明显的眉峰。

02 在上眼睑处晕染珠光白色眼影。

03 用眼线笔描画上眼线，同时描画下眼睑靠近眼尾位置的眼线。

04 在上眼睑处晕染少量金棕色眼影。

05 粘贴假睫毛，用眼线笔加深上眼线。

06 在双眼皮褶皱处描画一条线，使之在眼尾处与上眼线衔接在一起。

07 用亚光咖啡色眼影沿褶皱线向上自然晕染。

08 用亚光暗红色眼影将眼影边缘晕染开，注意过渡要自然。

09 在下眼睑眼尾处用少量亚光咖啡色和暗红色眼影晕染过渡。

10 用红色唇膏描画轮廓饱满的唇形。

11 斜向晕染偏棕红色调的腮红，使面部更加立体。

15

甜美新娘秀禾服妆容

妆容解析：

在处理此款妆容时，采用了咖啡色眼线，这样看起来更加自然。

1.日月晶采光透美肌眼影（01 BEIGE BEIGE大地色 ）　　6.魅可唇彩（Lasing lust）

2.唯魅秀潮流风暴四色烤粉眼影（K02）　　　　　　7.1818拉线眉笔（咖啡色）

3.唯魅秀持久耐汗水型眉笔（02#）　　　　　　　　8.唯魅秀琉璃时光丰唇蜜（W02）

4.纳斯炫色腮红（ORGASM）　　　　　　　　　　　9.唯魅秀轻奢美睫双头睫毛膏

5.月儿公主假睫毛（N23）

01 在上眼睑处用金棕色眼影晕染过渡。

02 在下眼睑处用金棕色眼影晕染。

03 在上眼睑眼尾处用少量暗红色眼影晕染过渡。

04 在下眼睑眼尾处用少量暗红色眼影晕染过渡。

05 在靠近睫毛根部的位置用咖啡色眉笔描画一条眼线。

06 将睫毛夹卷翘后，用睫毛膏自然刷涂睫毛。

07 用镊子粘贴假睫毛，使真假睫毛自然衔接。

08 用咖啡色眉笔描画眉形。

09 适当描画拉长眉尾。

10 在唇部涂抹红润唇彩后，局部点缀亮泽唇蜜。

11 晕染腮红，使面色红润自然。

16 喜庆新娘龙凤褂妆容

妆容解析：

在处理此款妆容的时候，要注意用有深浅变化的眼影体现眼妆的立体感，以搭配红色唇妆。红色是龙凤褂妆容的经典搭配色彩。

1.唯魅秀持久耐汗水型眉笔（01＃）
2.月儿公主假睫毛（G511）
3.日月晶采光透美肌眼影（01 BEIGE BEIGE大地色）
4.魅可子弹头唇膏（RUBY WOO）
5.1818拉线眉笔（咖啡色）
6.唯魅秀纯色致柔腮红（G06）

01 粘贴好上睫毛后，用水性眼线笔在上眼睑描画眼线。

02 用浅金棕色眼影晕染上眼睑，然后用深金棕色眼影加深晕染。

03 用浅金棕色眼影晕染下眼睑，然后用深金棕色眼影进行加深晕染。

04 在下眼睑处分段粘贴假睫毛。

05 越靠近内眼角，粘贴的假睫毛越短。

06 用咖啡色眉笔描画眉形。

07 注意眉头要描画自然。

08 用红色唇膏描画饱满的唇形。

09 叠涂唇膏，使唇妆更加立体。

10 斜向晕染腮红，使妆容更加立体。

第4章

新娘化妆造型风格造型解析

欧式新娘白纱造型

造型解析：

在处理此款造型的时候，要注意顶区打卷的摆放位置，使造型轮廓更加饱满，运用发网可使造型操作起来更加方便。

01 在顶区取头发扎成马尾。

02 将后发区右侧头发向后发区左上方提拉扭转并固定。

03 将后发区左侧头发向后发区右上方提拉扭转并固定。

04 将顶区头发分成几缕并用发网套住。

05 将套好发网的头发打卷并固定。

06 继续将套好发网的头发打卷并固定。

07 将左侧发区部分头发向顶区打卷并固定。

08 将左侧发区剩余头发向顶区打卷并固定。

09 将右侧发区头发在后发区固定并打卷，收拢发尾。

10 调整左侧发区的发丝层次。

11 调整耳前的发丝层次。

12 调整刘海区的发丝层次并喷发胶定型。

13 将刘海区头发在右侧发区固定。

14 将发尾收拢后固定,调整发丝层次。

15 佩戴饰品。

韩式新娘白纱造型

造型解析：

此款造型的核心是刘海区及两侧发区的层次感，以及造型与干花之间的搭配，所以要注意发丝的摆放位置。

01 对左侧发区头发进行三股辫编发。

02 将编好的头发适当抽丝。

03 将抽好层次的头发在后发区固定。

04 从顶区取头发进行三股两边带编发。

05 将右侧发区头发编入其中。

06 将编好的头发适当抽出层次后在后发区固定。

07 从顶区取头发进行三股两边带编发。

08 将后发区头发编入其中。

09 将编好的头发适当抽出层次后进行固定。

10 调整右侧发区剩余发丝并固定。

11 继续调整右侧发区的发丝层次。

12 调整刘海区发丝并固定。

13 在头顶固定蕾丝发带。

14 佩戴干花。

浪漫新娘白纱造型

造型解析：

处理此款造型时要注意，后发区两侧轮廓的表面不要过于光滑，而是要有一定的层次，这样才能使造型看起来更加浪漫。

01 将后发区右侧及部分右侧发区头发用两股辫续发形式收拢。

02 将收拢的头发在后发区右侧向上打卷并固定。

03 将左侧发区及部分后发区头发用两股辫续发形式收拢。

04 将收拢的头发在后发区左侧打卷并固定。

05 将后发区左侧剩余头发打卷后收拢并固定。

06 对后发区右侧剩余头发进行两股辫编发并抽出层次。

07 将编好的头发向右侧发区方向固定。

08 对刘海区头发进行两股辫编发并抽出层次。

09 将抽好层次的头发向后发区固定。

10 调整剩余散落发丝的层次感。

11 在左侧发区佩戴饰品。

12 在右侧发区佩戴饰品。

13 在头顶佩戴发带。

森系新娘白纱造型

造型解析:

在用电卷棒对头发进行烫卷的时候，要注意烫发角度，可以根据发丝走向调整烫发角度。另外，要注意刘海区的发丝要有一定的空隙，这样会使造型更加灵动。

01 用电卷棒将头发烫卷。

02 将左侧发区及部分后发区左侧头发向后发区右侧扭转并固定。

03 将右侧发区及部分后发区右侧头发向后发区左侧扭转并固定。

04 将后发区头发在靠近发尾的位置收拢并固定。

05 用尖尾梳将后发区的发丝适当倒梳，使其更具有层次感。

06 喷适量的发胶，进一步调整发丝层次。

07 将顶区的发丝适当抽出并喷胶定型。

08 将刘海区剩余发丝在额头位置梳理伏贴。

09 在头顶佩戴饰品。

10 在两侧发区佩戴饰品。

复古新娘白纱造型

造型解析：
注意此款造型后发区位置的头发应分层向上固定，固定后可以喷发胶，以加强牢固度。这是处理短发造型的常用手法。

01 将顶区的头发向上收拢并固定。

02 将后发区的头发向上收拢并固定。

03 将右侧发区的头发向上收拢并固定。

04 将左侧发区的头发向上收拢并固定。

05 将左侧刘海区的头发用尖尾梳推出弧度。

06 将头发继续向左侧推出弧度。

07 将剩余发尾在左侧发区位置固定。

08 将右侧刘海区的头发推出弧度并固定。

09 继续将头发在右侧发区推出弧度。

10 将剩余发尾推出弧度。

11 将发尾在右侧发区位置固定。

12 在头顶佩戴帽子。

时尚新娘白纱造型

造型解析：

注意要在后发区用皮筋固定头发和用发网套住头发，两者结合更易操作也更容易打造出饱满的造型。

01 在后发区上下各扎一条马尾。

02 在头顶中间将头发扭转并固定。

03 将左侧发区头发向上提拉扭转并固定。

04 将右侧发区头发向后发区扭转并固定。

05 将顶区头发用发网套住。

06 将发网套住的头发向右侧发区方向打卷。

07 将打好的卷固定。

08 将剩余头发用发网套住。

09 将发网套住的左侧发区的发尾在后发区打卷。

10 从剩余头发中取头发向上打卷并固定。

11 继续从后发区剩余头发中取头发向上打卷。

12 将打好的卷调整好角度并固定。

13 继续提拉头发，将头发向上打卷并固定。

14 将后发区剩余的头发向上固定。

15 在头顶佩戴饰品。

16 在后发区左侧佩戴饰品。

17 将左侧发区剩余发丝调整出层次感。

18 将头顶剩余发丝调整出层次感。

19 将右侧发区剩余发丝调整出层次感。可以适当喷发胶，以增强定型效果。

短发新娘白纱造型

造型解析:

处理此款造型时要注意倒梳到位,因为这样可以使造型更加饱满,尤其在处理短发造型时更要注意。

01 将顶区的头发用皮筋固定。

02 将马尾中的头发用尖尾梳倒梳。

03 将倒梳好的头发收拢并固定。

04 从刘海区分出头发向顶区打卷并固定。

05 在顶区左右两侧分别分出头发向顶区打卷并固定。

06 将后发区头发向上提拉倒梳。

07 将倒梳好的头发向上梳理光滑并固定。

08 保留少量发丝后将刘海区头发向上提拉并用尖尾梳倒梳。

09 将倒梳好的头发表面梳理光滑。

10 将头发在顶区收拢并固定。

11 在头顶佩戴发带。

12 将发带在后发区下方收拢并固定。

13 佩戴造型花。

14 用电卷棒将剩余发丝烫卷。

15 将烫好的发丝调整好层次，对造型花进行适当修饰。

真假发结合新娘白纱造型

造型解析：

手推波纹是复古造型中比较有代表性的一种造型手法。这款造型的知识点比较多，其中后发区真假发的衔接是最重要的，在打造短发的后发区饱满轮廓时非常实用。

01 在后发区固定假发片。

02 将顶区头发向上提拉并倒梳。

03 将头发表面梳理光滑后在后发区收拢。

04 将收拢的头发适当上推，使其隆起一定的高度，然后固定。

05 将后发区头发向上收拢并固定。

06 将右侧发区头发向后发区收拢并固定。

07 将一部分刘海区头发用尖尾梳推出弧度。

08 将推出的弧度隆起一定的高度，然后固定。

09 继续将头发在右侧发区推出弧度。

10 调整剩余发尾弧度并固定。

11 将剩余刘海区头发在右侧发区推出弧度。

12 将剩余发尾在耳后固定。

13 将左侧发区部分头发在后发区固定。

14 将左侧发区剩余头发用尖尾梳推出弧度。

15 将剩余发尾继续推出弧度后固定。

16 从假发片中取头发，然后向上打卷并固定。

17 将剩余发尾继续向上打卷并固定。

18 将最后剩余发尾打卷并固定。

19 从假发片中取头发继续向上打卷并固定。

20 将剩余发尾在后发区右侧打卷。

21 继续用假发片打卷，打卷时要注意修饰后发区轮廓的饱满度。

22 将剩余发尾在后发区右侧打卷并固定。

23 将剩余发尾在后发区左侧打卷并固定。

24 将最后剩余发尾向上提拉并打卷固定。

25 佩戴饰品。

浪漫新娘晚礼造型

造型解析：

处理此款造型时，要注意体现出发丝的灵动感。刘海区及左侧发区的发丝可适当用电卷棒烫卷，使造型看起来更加浪漫。

01 在头顶固定一个假发包。

02 将顶区头发倒梳。

03 将头发梳理光滑后覆盖在发包上，并在后发区固定。

04 将后发区右侧头发收拢，向后发区左侧扭转并固定。

05 将后发区左侧头发收拢，向后发区右侧扭转并固定。

06 将一部分发尾调整出层次后固定。

07 将剩余发尾在后发区下方收拢，并调整出层次感。

08 调整刘海区及右侧发区发丝的层次。

09 将层次处理得更加饱满，并喷胶定型。

时尚新娘晚礼造型

造型解析：

处理此款造型时，要注意体现出头发的弧度感。可以用波纹夹固定头发辅助造型，使造型的弧度更加优美。

01 将头发用电卷棒烫卷。

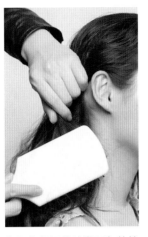

02 将烫好的头发用气垫梳梳顺。

03 用尖尾梳将刘海区头发处理光滑。

04 用波纹夹固定刘海区头发。

05 喷胶定型，发胶干透后取下波纹夹。将刘海区头发在右侧发区向下打卷并固定。

06 在右侧发区将头发调整出弧度感。

07 对调整好弧度的头发喷胶定型。

08 将发尾打卷并固定。

09 将左侧发区剩余头发向耳后梳理。

10 将头发在后发区扭转并固定。

11 将发尾收拢在后发区头发中。

复古新娘晚礼造型

造型解析：
处理此款造型时要注意刘海区打卷的弧度要饱满、立体、大气，这样才能与帽子更好地搭配。

01 将后发区头发编成两股辫。

02 将两股辫在后发区盘起并固定。

03 将右侧刘海向下打卷并固定。

04 将发尾在右侧发区打卷并固定。

05 继续在右侧发区将发尾打卷并固定。

06 将发尾在右侧发区收拢并固定。

07 将左侧刘海向后打卷并固定。

08 将剩余发尾在左侧扭转并固定。

09 戴上帽子。

优雅新娘晚礼造型

造型解析：
适当用波纹修饰额头，注意整体造型的饱满度。

01 将顶区及后发区头发束在后发区扎成马尾。

02 将马尾中的头发在后发区打卷并固定。

03 将刘海区头发用波纹夹固定。

04 用尖尾梳将刘海区头发推出弧度。

05 继续将刘海区头发推出弧度，并用波纹夹固定。

06 将头发在右侧发区推出弧度，并用波纹夹固定。

07 将发尾在后发区固定。

08 将左侧发区头发用尖尾梳推出弧度。

09 用波纹夹固定并用尖尾梳继续推出弧度。

10 将推好弧度的头发固定。

11 继续用尖尾梳将头发推出弧度。

12 将剩余发尾在后发区收拢并固定。

唯美新娘晚礼造型

造型解析:

处理此款造型时,采用了外轮廓环绕编发的方式。这样可以使造型的外轮廓更加饱满。同时,保留的发丝对修饰造型的轮廓会起关键作用。

01 在顶区取头发进行两股辫编发。

02 将编好的头发适当抽出层次。

03 将抽好层次的头发在顶区收拢并固定。

04 在后发区上方取头发进行两股辫编发。

05 将编好的头发抽出层次。

06 将抽好层次的头发在头顶固定。

07 继续在后发区取头发进行两股辫编发。

08 将编好的头发适当抽出层次，并从后发区左侧向顶区固定。

09 在左侧发区取头发进行两股辫编发，边编发边保留发丝。

10 将头发编至右侧发区并保留发丝。

11 将头发编至后发区并保留发丝。

12 将头发编至左侧发区上方并进行固定。

13 调整造型整体的发丝层次。

14 用发丝对额头进行修饰。

15 用发丝对面颊进行适当修饰。

16 在头顶佩戴发带。

17 在左侧发区佩戴造型花。

18 在右侧发区及后发区佩戴造型花。

灵动新娘晚礼造型

造型解析:

处理此款造型时，要在最后的操作中用电卷棒烫卷发丝，这样可以使发丝的纹理更加清晰。佩戴造型花，使造型看起来更加灵动。

01 在顶区取头发进行三股辫编发。

02 将编好的头发在顶区收拢并固定。

03 调整右侧发区发丝层次并固定。

04 对后发区右侧头发进行三股辫编发。

05 将编好的头发适当抽出层次感。

06 将抽好的头发向顶区左上方提拉。

07 将头发在顶区左侧固定。

08 对后发区左侧头发进行三股辫编发。

09 将编好的头发适当抽出层次。

10 将抽好的头发从后发区右侧向头顶固定。

11 在左侧发区佩戴造型花。

12 在右侧发区佩戴造型花。

13 将散落的发丝用电卷棒烫卷。

14 用烫好卷的头发对造型花进行适当修饰。

手推波纹旗袍造型

造型解析：
处理此款造型时要注意，两侧刘海区的波纹弧度不需要完全对称，但要保证基本协调，这样可以使新娘显得更加端庄。

01 在后发区下方用发卡固定后发区头发。

02 在后发区左侧取头发向上打卷并固定。

03 将后发区右侧头发向上打卷并固定。

04 将后发区中间部分的头发向上打卷并固定。

05 将后发区的剩余头发向上打卷并固定。

06 用尖尾梳将左侧刘海区头发梳理光滑。

07 将左侧刘海区头发在左侧发区推出弧度。

08 继续用尖尾梳将头发在左侧发区推出弧度。

09 将头发在左侧发区向上扭转并固定。

10 将剩余发尾在后发区收拢并固定。

11 将右侧刘海区头发推出弧度。

12 继续将头发在右侧发区推出弧度。

13 继续用尖尾梳将头发在右侧发区推出弧度。

14 将发尾在右侧发区向上扭转并固定。

15 在后发区两侧佩戴饰品。

优雅打卷旗袍造型

16

造型解析：

处理此款造型时要注意，刘海区头发应呈现一定的弧度，而不是呈直线，合适的弧度可以使造型看起来更加优雅古典。

01 将顶区的头发在后发区扎成马尾。

02 将马尾中的适量头发从皮筋中反向掏出。

03 将掏出的头发在后发区左侧固定。

04 将剩余发尾在后发区打卷并固定。

05 将后发区右侧头发向上提拉，再扭转并固定。

06 将剩余发尾提拉至后发区左侧并固定。

07 将后发区左侧剩余头发打卷。

08 将打卷好的头发在后发区下方固定。

09 将右侧发区头发向后发区扭转。

10 将扭转好的头发在后发区固定。

11 将剩余发尾向上提拉，在后发区打卷并固定。

12 将后发区左侧剩余头发向后发区方向扭转并固定。

13 固定好之后，将剩余发尾扭转并在后发区左侧固定。

14 将剩余发尾继续扭转并在后发区固定。

15 将左侧刘海区头发用尖尾梳处理得光滑、伏贴。

16 将头发在后发区扭转并固定，将发尾在后发区固定。

17 将右侧头发处理得光滑、伏贴。

18 将剩余发尾在后发区固定。

19 在左侧发区佩戴饰品。

20 在右侧发区佩戴饰品。

21 在后发区左右两侧佩戴发钗。

端庄奢华秀禾服造型

造型解析：

处理此款造型时要注意，整体要有端正饱满的轮廓感，通过佩戴饰品使造型
看起来更加古典奢华。

01 将顶区头发分出，与两侧刘海区头发形成三角形的分区，并将头发在后发区固定。

02 将右侧刘海区头发处理得光滑、伏贴。

03 将左侧刘海区头发处理得光滑、伏贴。

04 将左侧刘海及左侧发区头发在后发区向上扭转并固定。

05 将右侧刘海及右侧发区头发在后发区向上扭转并固定。

06 将后发区右侧头发向后发区左上方提拉并固定。

07 将后发区左侧头发向后发区右上方提拉并固定。

08 从后发区取头发，向后发区右上方提拉，然后打卷并固定。

09 继续取头发向后发区左下方打卷并固定。

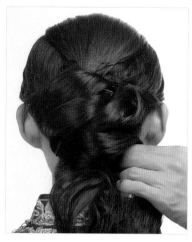  

10 从后发区取头发，向后发区右侧打卷并固定。

11 从后发区取头发，向后发区左侧打卷并固定。

12 将后发区剩余的头发向后发区左侧提拉打卷并固定。

13 调整两侧小发丝的弧度。

14 佩戴饰品。

18

妩媚华丽秀禾服造型

造型解析：
处理此款造型时要注意，顶区头发的轮廓要饱满立体，这样才能与奢华的饰品搭配得更加协调。

01 将顶区头发扎成马尾。

02 将马尾中的头发打卷并固定。

03 继续将剩余发尾打卷并固定。

04 将后发区中间部分头发扎成马尾。

05 将后发区右侧头发向上提拉扭转并固定。

06 将发尾在顶区头发后方打卷并固定。

07 将后发区左侧头发向上提拉，然后扭转并固定。

08 将剩余发尾向上打卷并固定。

09 将后发区剩余头发分片打卷并固定。

10 从后发区左上方取头发进行三股辫编发。

11 将编好的头发在后发区盘绕并固定。

12 对后发区右上方头发进行三股辫编发后在后发区固定。

13 将后发区一部分发尾向上打卷并固定。

14 将左侧发区头发在后发区固定，将一部分发尾打卷并固定。

15 将右侧发区头发在后发区固定，将剩余发尾打卷并固定。

16 用尖尾梳调整左侧发区保留的发丝的弧度并喷胶定型。

17 用尖尾梳调整刘海区及右侧发区保留的发丝的层次并喷胶定型。

18 在后发区佩戴饰品。

19 在顶区及两侧发区佩戴饰品。

19
波纹打卷秀禾服造型

造型解析：

此款秀禾服造型将打卷和手推波纹的手法相互结合，塑造出一种大气婉约的古典美。处理此款造型时要注意后发区发卷之间的结合，并塑造后发区整体的饱满轮廓。

01 在后发区下方用皮筋将后发区头发扎成马尾。

02 对右侧发区头发进行两股辫编发并在后发区固定。

03 对左侧头发进行两股辫编发并在后发区固定。

04 在头顶固定牛角假发做支撑。

05 将顶区头发覆盖在牛角假发上，然后在后发区收拢并固定。

06 将剩余发尾打卷并固定。

07 固定好之后，将剩余发尾继续在后发区左侧打卷。

08 将打好卷的头发固定。

09 在马尾中取头发向上打卷并固定。

10 从马尾中左侧分出一片头发向右侧拉伸。

11 将头发在后发区右侧打卷并固定。

12 将固定好之后剩余发尾向上打卷并固定。

13 将后发区下方的头发向右侧打卷并固定。

14 固定好之后，将剩余发尾继续向上打卷并固定。

15 将后发区最后剩余头发打卷并固定。

16 梳理刘海区头发并用尖尾梳将其推出弧度。

17 继续将头发推出波纹弧度。

18 用尖尾梳继续将头发推出弧度。

19 用尖尾梳在右侧发区继续将头发推出弧度。

20 在右侧发区将头发固定。

21 将最后剩余发尾在后发区固定。

22 在后发区佩戴饰品。

23 在头顶佩戴饰品。

24 在两侧佩戴饰品。

25 佩戴流苏发钗。

20

层次刘海奢美龙凤褂造型

造型解析：

此款造型刘海的卷曲处理是在古典造型中融入了现代造型的手法，使造型更有个性、更唯美。

01 从后发区上方取头发进行三股辫编发。

02 将编好的头发向上打卷并收拢固定。

03 从顶区取头发向后发区方向打卷。

04 将打好的卷在后发区固定。

05 从后发区取头发向左侧发区固定。

06 从后发区取头发向右侧发区固定。

07 对左侧发区头发进行两股辫编发。

08 将编好的头发向头顶右侧固定。

09 对右侧发区头发进行两股辫编发。

10 将编好的头发向头顶左侧固定。

11 将左侧发区取头发，向头顶打卷并固定。

12 从左侧发区取头发，向头顶提拉。

13 将头发在头顶打卷并固定。

14 将右侧发区剩余的头发向头顶方向打卷并固定。

15 整理刘海区发丝的层次。

16 用电卷棒将刘海区发丝烫卷。

17 将后发区头发扎成马尾并固定。

18 将马尾中的头发向上提拉并打卷。

19 将打好卷的头发在头顶固定。

20 佩戴饰品。

21 继续佩戴饰品。

21 古典华贵龙凤褂造型

造型解析：

处理此款造型时，要注意用假发塑造饱满的造型轮廓，并起到支撑后发区头发的作用，这样才能与奢华的头冠等饰品更好地搭配。

01 将后发区头发在顶区收拢并固定。

02 在顶区固定牛角假发。

03 将刘海及两侧发区头发覆盖在假发包上并梳理光滑。

04 在假发包后方将头发收拢并用发卡固定。

05 固定好之后，将剩余发尾收拢并固定。

06 在后发区固定假发包。

07 将后发区头发向上打卷，使之覆盖住假发包并固定。

08 将后发区剩余的头发包裹在假发包上并固定。

09 在头顶固定发冠。

10 在发冠的基础上固定流苏饰品。　　**11** 在额头正中上方的头发上佩戴饰品。　　**12** 在头顶佩戴流苏饰品。

13 在两侧发区固定小配件饰品。　　**14** 在两侧佩戴发钗。

手推波纹气质龙凤褂造型

造型解析：

通过手推波纹的手法塑造刘海区造型，同时搭配奢华饰品，使整体造型华美大气。处理此款造型时，要注意将两侧波纹中间的三角形区域分端正，否则造型会显得不协调。

01 将顶区及后发区的头发分别用皮筋固定，然后分别进行三股辫编发。

02 在头顶正中用尖尾梳分出一个三角形。

03 将分出的头发扭转后在头顶固定。

04 将左侧发区头发提拉扭转后在后发区固定。

05 用尖尾梳将左侧刘海区头发推出弧度并固定。

06 继续将头发在左侧发区推出弧度并固定。

07 将剩余发尾在后发区左侧固定。

08 将左侧发区的发丝打卷并固定。

09 将右侧发区头发扭转后在后发区固定。

10 将右侧刘海区头发用尖尾梳推出弧度并固定。

11 继续将头发在右侧发区推出弧度并固定。

12 将头发继续在右侧发区推出弧度并固定。

13 将发尾在后发区右侧固定。

14 将右侧发区剩余发丝打卷并固定。

15 将后发区上方辫子在头顶打卷并固定。

16 将后发区下方其中一条辫子沿后发区左侧向头顶固定。

17 将后发区下方剩余辫子沿后发区右侧向头顶固定。

18 在后发区固定假发包，使后发区轮廓更加饱满。

19 在头顶左侧佩戴假发。

20 在头顶右侧佩戴假发。

21 在头顶佩戴饰品。

22 继续佩戴饰品。

23 在两侧波纹处佩戴饰品。

第5章

平面拍摄整体妆容造型解析

欧式高贵新娘平面拍摄妆容造型

解析:

此款妆容比较有立体感,眼妆可适当处理得深邃一些。在造型上要保留一些自然的发丝,这样可以更好地搭配饰品,同时造型也不会显得过于老气。

1.唯魅秀潮流风暴四色烤粉眼影（K01）
2.资生堂恋爱魔镜睫毛膏超现实激长款
3.月儿公主假睫毛（3D-5）
4.KATE立体造型三色眉粉（EX-4）
5.植村秀砍刀眉笔（3#）

6.唯魅秀持久耐汗水型眉笔（02#）
7.欧莱雅琉金唇膏（R601和G101#）
8.唯魅秀纯色致柔腮红（G04）
9.魅可子弹头唇膏（LASTING DASSION）

01 在上眼睑处晕染金棕色眼影。

02 在眼尾处叠涂晕染金棕色眼影。

03 在眼头处叠涂晕染金棕色眼影。

04 在下眼睑处晕染金棕色眼影。

05 在上眼睑处用少量金色眼影晕染过渡。

06 在下眼睑处用少量金色眼影晕染过渡。

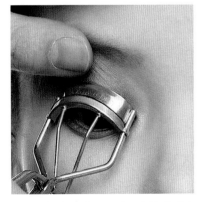

07 提拉上眼睑，用睫毛夹将睫毛夹卷翘。

08 提拉上眼睑，刷涂睫毛膏。

09 用睫毛膏刷涂下睫毛。

10 提拉上眼睑，粘贴假睫毛。

11 适度按压使假睫毛粘贴得更加牢固。

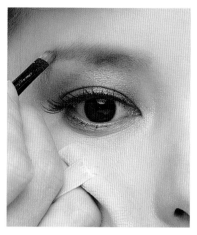

12 用咖啡色眉粉刷涂眉形，使眉形更加清晰。

13 用咖啡色眉笔描画眉形。

14 用水眉笔描画眉形，加深眉色，使眉形更加立体。

15 在唇部涂抹润泽的红色唇膏，使唇形饱满，并点缀少量金色唇膏，使唇更加具有立体感。

16 晕染腮红，以提升面部的立体感。

17 将刘海区的少量发丝用电卷棒烫卷。

18 将顶区及两侧发区头发在后发区扎成马尾并固定。

19 把马尾中的头发从皮筋中半掏出来。

20 将半掏出的头发在顶区固定。

21 将后发区右侧头发向左上方提拉后扭转并固定。

22 固定好之后，将发尾在顶区打卷并固定。

23 将后发区左侧头发向右上方提拉后扭转并固定。

24 将固定好之后的头发打卷并固定。

25 用尖尾梳倒梳发丝，以增强层次感。

26 将倒梳之后的发丝整理好层次，并喷胶定型。

27 在头顶佩戴饰品。

28 在左侧发区佩戴饰品。

29 在右侧发区佩戴饰品。

韩式雅致新娘平面拍摄妆容造型

解析：
在此款妆容的处理上，要柔和自然，不要过分刻画眼妆。造型要具有一些灵动的层次，这样可以与饰品更好地搭配。

───美妆产品介绍───

1.日月晶采光透美肌眼影

2.兰蔻梦魅睛灵防水"大眼娃娃"睫毛膏

3.KISSME HEAVY ROTATION染眉膏（03#）

4.植村秀砍刀眉笔（3#）

5.唯魅秀奥斯卡风尚唇膏（M06）

6.圣罗兰情挑诱吻唇蜜（1#）

7.唯魅秀花漾悦色腮红（F02）

8.月儿公主假睫毛（G5-29）

01 处理好真睫毛后，在上眼睑处粘贴假睫毛。

02 在上眼睑处晕染金棕色眼影。

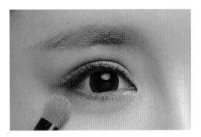

03 在下眼睑处晕染金棕色眼影。

04 在上眼睑处用金棕色眼影叠涂晕染。

05 在下眼睑处叠涂晕染金棕色眼影。

06 在上眼睑自睫毛根部的位置用深金棕色眼影叠涂晕染。

07 将眼影边缘扩散开，使眼影层次过渡得更加自然。

08 在下眼睑处叠涂晕染深金棕色眼影。

09 提拉上眼睑，刷涂睫毛膏，使真假睫毛之间能更好地衔接。

10 用睫毛膏刷涂下睫毛，使下睫毛更加浓密。

11 用染眉膏将眉色染淡。

12 用咖啡色眉笔描画眉形。

13 在唇部刷涂红色润泽感唇膏。

14 在唇部点缀少量唇蜜，使唇更加丰盈。

15 晕染红润感腮红，使妆面更协调。

16 分出刘海区头发，将剩余头发在后发区扎成马尾。

17 适当抽出顶区及左侧发区的发丝层次。

18 抽出右侧发区的发丝层次。

19 对刘海区头发进行三股两边带编发。

20 将编好的头发适当抽出层次。

21 将抽好层次的头发在后发区固定。

22 从后发区取头发进行鱼骨辫编发。

23 将编好的头发用皮筋固定。

24 将编好的头发适当抽出层次。

25 将抽好层次的头发向后发区右侧固定。

26 将头发适当调整好层次后继续固定。

27 对剩余头发进行两股辫编发并适当抽出层次。

28 将抽好层次的头发在后发区左侧固定。

29 在右侧发区佩戴饰品。

30 在后发区佩戴饰品。

03

时尚简约新娘平面拍摄妆容造型

解析：

此款妆容中的眼线和眉毛均采用了咖啡色眼线笔描画，有时候彩妆产品可以一物多用。注意在妆容的处理上，睫毛不必过于浓密。处理此款造型时，要注意打造刘海区发丝的光滑感和弧度。

1.魅可时尚焦点小眼影（WHITE FROST）

2.魅可眼影彩妆盘酒红大地（Burgundy）

3.美勒Miss Rose卷翘双头睫毛膏

4.莉来雅公主眼线笔（咖啡色）

5.KATE立体造型三色眉粉

6.KISSME HEAVY ROTATION染眉膏（07#）

7.魅可柔感亚光唇膏（CHILI小辣椒）

8.迪奥魅惑丰唇蜜（#001）

9.魅可限定丝绒腮红（CHEEKY BITS）

01 在上眼睑处晕染珠光白色眼影。

02 在上眼睑处晕染少量棕红色眼影。

03 在下眼睑处晕染少量棕红色眼影。

04 在上眼睑处晕染少量亚光咖啡色眼影。

05 在下眼睑处晕染少量亚光咖啡色眼影。

06 提拉上眼睑，用咖啡色眼线笔描画眼线。

07 提拉上眼睑，用睫毛夹将睫毛夹卷翘。

08 提拉上眼睑，用睫毛膏刷涂上睫毛。

09 用睫毛膏自然刷涂下睫毛。

10 用浅棕色染眉膏将眉色染淡。

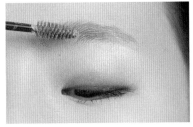

11 用染眉膏在眉头再染色一次。

12 用咖啡色眉粉刷涂出眉形。

13 用咖啡色眼线笔描画眉形。

14 用枫叶红色唇膏描画轮廓饱满的唇形。

15 在唇部适当点缀唇蜜。

16 晕染腮红，以提升妆容质感。

17 将后发区头发扎成马尾。

18 对马尾进行三股辫编发。

19 将编好的头发向上打卷并收拢固定。

20 用尖尾梳将左侧刘海区的头发梳理整齐。

21 将发尾在后发区固定。

22 用尖尾梳将右侧发区头发梳理光滑，并将发尾在后发区固定。

23 将左侧发区小发丝喷胶定型。

24 将右侧发区小发丝喷胶定型。

森系灵动新娘平面拍摄妆容造型

解析:

此款妆容的处理重点是下眼睑晕开的玫红色腮红边缘要过渡柔和。这样可以使妆容更加柔美，与灵动的造型相互搭配，使整体更加唯美。

1.玫珂菲清晰无痕腮红（210）

2.魅可时尚焦点小眼影（WHITE FROST）

3.唯魅秀高清丝羽轻盈蜜粉（GQ01）

4.MAKE UP FOR LIFE唯魅秀专业眼影（31#）

5.魅可时尚焦点小眼影（WEDGE）

6.赫莲娜猎豹睫毛膏（防水型）

7.月儿公主假睫毛（G5-29）

8.CANMAKE防水持久染眉膏（02）

9.唯魅秀持久耐汗水型眉笔（02#）

10.圣罗兰情挑诱吻唇蜜（1#）

01 在下眼睑处按压少量玫红色腮红。

02 用少量蜜粉按压定妆。

03 在上眼睑处晕染珠光白色眼影。

04 在上眼睑眼尾处晕染玫红色眼影。

05 将玫红色眼影向颧骨方向晕染开。

06 从睫毛根部开始小面积晕染亚光咖啡色眼影。

07 在下眼睑后半段晕染亚光咖啡色眼影。

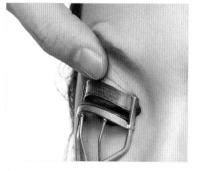

08 提拉上眼睑，用睫毛夹将睫毛夹卷翘。

09 提拉上眼睑，刷涂睫毛膏。

10 用睫毛膏刷涂下睫毛。

11 紧靠真睫毛根部粘贴假睫毛。

12 从下眼睑眼尾开始粘贴假睫毛。

13 继续向前粘贴假睫毛。

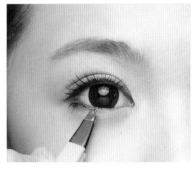

14 越靠近内眼角，粘贴的假睫毛越短。

15 用染眉膏将眉色染淡。

16 用咖啡色水眉笔描画眉形。

17 描画眉峰及眉尾时应使眉形线条自然、流畅。

18 在唇部点缀金色亮泽唇蜜。

19 用棉签将唇蜜涂抹均匀。

20 保留刘海区及两侧发区部分头发，将剩余头发在后发区收拢。

21 将收拢的头发用皮筋固定，适当保留一定的蓬松度。

22 将发尾在后发区收拢并固定。

23 在顶区适当抽出一些发丝层次。

24 在两侧发区适当抽出一些发丝层次。

25 将刘海区及两侧发区保留的发丝烫卷。

26 用尖尾梳调整卷的层次并固定。

27 继续调整发丝层次，使造型更加饱满。

28 将造型纱呈发带的样式在头顶固定。

29 在头顶佩戴造型花。

30 佩戴网眼纱。

31 佩戴耳饰。

解析:

在此款妆容的处理上,不必粘贴假睫毛,将真睫毛处理得浓密卷翘即可,整体妆容色调为橘色。在造型上,尤其要注意对刘海区波纹位置的处理,在波纹弧度的位置保留一些空隙。这样可以使造型风格在复古的基础上更加生动。

1.魅可时尚焦点小眼影（WHITE FROST）

2.日月晶采光透美肌眼影

3.唯魅秀潮流风暴四色烤粉眼影（K01）

4.赫莲娜猎豹睫毛膏（防水型）

5.资生堂恋爱魔镜睫毛膏超现实激长款

6.KATE立体造型三色眉粉（EX-4）

7.唯魅秀奥斯卡风尚亚光唇膏（M03）

8.魅可时尚胭脂（Foolish me）

01 在上眼睑处晕染珠光白色眼影。

02 在下眼睑处晕染珠光白色眼影。

03 在上眼睑处晕染金棕色眼影。

04 在眼头处用金棕色眼影加深晕染。

05 在眼尾处用金棕色眼影加深晕染。

06 在下眼睑处晕染金棕色眼影。

07 在眼头处用少量暗红色眼影晕染过渡。

08 在眼尾处用少量暗红色眼影晕染过渡。

09 在下眼睑处用少量暗红色眼影晕染过渡。

10 在上眼睑和下眼睑眼影边缘晕染少量橘色眼影。

11 提拉上眼睑，用睫毛夹将睫毛夹卷翘。

12 提拉上眼睑，刷涂睫毛膏。

13 用睫毛膏刷涂下睫毛，使睫毛更加浓密。

14 提拉上眼睑，继续夹睫毛。

15 用梳子头睫毛膏梳理上睫毛。

16 用梳子头睫毛膏梳理下睫毛。

17 用咖啡色眉粉刷眉形，使眉形更加清晰。

18 用橘色唇膏描画出轮廓感饱满的唇形。

19 晕染橘红色胭脂，使妆容更加柔美。

20 将头发用电卷棒烫卷。

21 用气垫梳将头发梳顺。

22 继续梳顺头发，使其蓬松饱满。

23 用气垫梳梳顺发尾。

24 用气垫梳将头发向造型右侧梳理。

25 在刘海区固定波纹夹。

26 将头发向上推并固定波纹夹。

27 将头发向下推并固定波纹夹。

28 将头发向后推并固定波纹夹。

29 将头发在面颊处向前推并固定波纹夹。

30 使头发贴住面部并用波纹夹固定。

31 将发尾向上翻卷并固定。

32 对头发进行喷胶定型。

33 取下波纹夹。

34 在头顶佩戴饰品。

35 佩戴造型花。

画意唯美新娘平面拍摄妆容造型

解析:

此款妆容用了较为浓郁的色彩表现妆容的画意和美感,玫红色的唇妆使妆容更加唯美。在造型上要注意,刘海区及两侧发区的头发不要梳理得过于光滑,这样才可以与妆容和饰品更好地搭配。

———美妆产品介绍———

1.唯魅秀轻奢美睫双头睫毛膏
2.赫莲娜猎豹睫毛膏（防水型）
3.资生堂恋爱魔镜睫毛膏超现实激长款
4.唯魅秀潮流风暴四色烤粉眼影（K02）
5.日月晶采光透美肌眼影（01 BEIGE BEIGE大地色）

6.唯魅秀持久耐汗水型眉笔（02#）
7.唯魅秀奥斯卡风尚亚光唇膏（M02）
8.唯魅秀纯色致柔腮红（G05）
9.月儿公主假睫毛（N03）
10.月儿公主假睫毛（N12）

01 在上眼睑处晕染亚光橘色眼影。

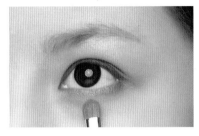

02 在下眼睑处晕染亚光橘色眼影。

03 在上眼睑靠近睫毛根部的位置用少量金棕色眼影晕染过渡。

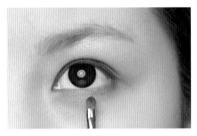

04 在下眼睑处用少量金棕色眼影晕染过渡。

05 提拉上眼睑，用睫毛夹将睫毛夹卷翘。

06 用睫毛膏刷涂上、下睫毛。

07 继续用睫毛夹夹翘睫毛。

08 用睫毛膏刷涂上睫毛。

09 用睫毛膏刷涂下睫毛。

10 用梳子头的睫毛膏梳理上睫毛。

11 在上眼睑处分两段粘贴假睫毛。

12 让两段假睫毛在上眼睑形成一个整体。

13 在下眼睑处从后向前粘贴假睫毛。

14 继续向前粘贴假睫毛，注意睫毛的弧度。

15 继续向前粘贴假睫毛，可以适当按压，以增强牢固度。

16 在上眼睑处粘贴美目贴，增加双眼皮宽度。

17 淡淡地晕染金棕色眼影，对美目贴进行遮盖。

18 用手指在上眼睑中间位置涂抹少量浅金色眼影。

19 在眉骨处晕染亚光白色眼影，使眼部更加立体。

20 用咖啡色水眉笔描画眉形。

21 描画眉头，眉形要自然。

22 在唇部刷涂橘红色唇膏。

23 晕染红润感腮红，使妆感更加柔美。

24 将顶区头发用皮筋固定。

25 用发网将顶区头发套住。

26 将头发在顶区打卷。

27 将打好卷的头发固定。

28 将刘海区的头发用尖尾梳倒梳。

29 将倒梳好的头发调整好层次并收拢。

30 将收拢的头发固定。

31 对右侧发区头发进行两股辫编发。

32 将编好的头发适当抽出层次。

33 将抽好层次的头发在顶区固定。

34 对左侧发区头发进行两股辫编发。　　35 将编好的头发适当抽出层次。　　36 将头发在顶区固定。

37 对后发区右侧头发进行两股辫编
发并抽出层次。

38 将头发向上提拉在顶区左侧固定。

39 对后发区最后剩余头发进行两股
辫编发并抽出层次。

40 将头发向上提拉并在顶
区右侧固定。

41 在头顶固定发带。

42 在造型左侧佩戴饰品。

43 在造型右侧佩戴饰品。

新娘平面拍摄浪漫晚礼妆容造型

解析:

在处理此款妆容的时候,要注意整体给人比较自然淡雅的感觉,尤其是睫毛的处理要精致、到位。在造型上要注意塑造发丝的层次,使刘海区发丝自然卷曲。

———— 美妆产品介绍————

1.赫莲娜猎豹睫毛膏（防水型）

2.资生堂恋爱魔镜睫毛膏超现实激长款

3.唯魅秀璀璨立体珠光眼影（B905）

4.唯魅秀璀璨立体珠光眼影（B838）

5.CANMAKE防水持久染眉膏（02）

6.YUEXLIN经典雾面口红（121#）

7.YUEXLIN经典雾面口红（901#）

8.纳斯炫色腮红（ORGASM）

9.月儿公主假睫毛（G5-29）

10.KATE立体造型三色眉粉（EX-4）

01 在上眼睑处晕染浅金棕色眼影。

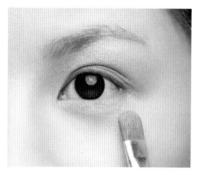

02 在下眼睑处晕染浅金棕色眼影。

03 在上眼睑处用金棕色眼影晕染过渡。

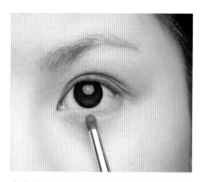

04 在下眼睑处用金棕色眼影晕染过渡。

05 在眼头处用棕橘色眼影加深晕染。

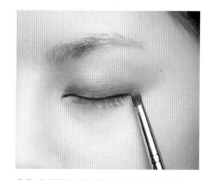

06 在眼尾处用棕橘色眼影加深晕染。

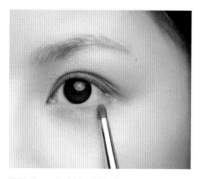

07 在下眼睑处用棕橘色眼影加深晕染。

08 将眼影边缘自然晕染开。

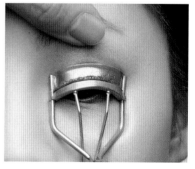

09 提拉上眼睑，用睫毛夹将睫毛夹卷翘。

10 提拉上眼睑，刷涂睫毛膏。

11 提拉上眼睑，继续将睫毛夹卷翘。

12 用梳子头的睫毛膏梳理睫毛。

13 从上眼睑眼尾开始粘贴假睫毛。

14 继续向内眼角方向粘贴假睫毛。

15 从下眼睑眼尾开始一根根地粘贴假睫毛。

16 用染眉膏将眉色染淡。

17 用咖啡色眉粉刷涂眉形，使眉形更加清晰。

18 先用裸橘色雾面口红打底，然后自内向外刷涂深玫红色雾面口红。

19 斜向晕染红润感腮红，以提升妆容柔美度。

20 将刘海区头发烫卷并整理层次。

21 对后发区头发进行鱼骨辫编发。

22 将编好的头发适当抽出层次。

23 将发尾用皮筋固定。

24 从头顶右侧取头发进行两股辫编发。

25 将编好的头发抽出层次。

26 将头发向后发区左侧固定。

27 从头顶左侧取头发进行两股辫编发。

28 将头发向后发区右侧带并抽出层次。

29 将头发在后发区右侧固定。

30 对右侧发区剩余头发进行两股辫编发并抽出层次。

31 将抽好层次的头发在后发区固定。

32 对左侧发区剩余头发进行两股辫编发并抽出层次。

33 将编好的头发在后发区固定。

34 在头顶固定发带。

35 用发丝层次适当遮挡发带。

解析：

处理此款妆容时，色彩可反复叠加，以增强眼影的层次感。处理此款造型要注意让发丝看起来自然，这样可以使造型更加灵动。

1.魅可眼影彩妆盘酒红大地（Burgundy）

2.KISSME HEAVY ROTATION染眉膏（03＃）

3.月儿公主假睫毛（N12）

4.莉来雅公主眼线笔（咖啡色）

5.魅可时尚焦点小眼影（WHITE FROST）

6.纪梵希高定四宫格腮红（N2#）

7.魅可唇膏（All Fired Up）

8.唯魅秀持久耐汗水型眉笔（02#）

9.兰蔻梦魅晴灵防水"大眼娃娃"睫毛膏

01 在上眼睑处晕染珠光白色眼影。

02 在下眼睑处晕染珠光白色眼影。

03 在上眼睑处晕染少量金棕色眼影。

04 在下眼睑处晕染金棕色眼影。

05 在上眼睑处晕染少量红色眼影。

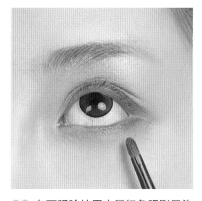

06 在下眼睑处用少量红色眼影晕染
过渡。

07 在上眼睑处用金棕色眼影晕染过渡。

08 在下眼睑处用金棕色眼影叠加晕染。

09 在眼头处晕染珠光白色眼影。

10 提拉上眼睑，用咖啡色眼线笔描画眼线。

11 将睫毛夹翘后，提拉上眼睑，自然地刷涂睫毛膏。

12 自然刷涂下睫毛。

13 在上眼睑紧靠真睫毛根部的位置粘贴自然的假睫毛。

14 用棕色染眉膏将眉色染淡。

15 用棕色水眉笔描画眉形。

16 在唇部涂抹玫红色唇膏，使唇边缘呈现自然过渡的感觉。

17 晕染粉嫩感腮红，提升妆容质感。

18 在头顶取头发，将头发收拢并固定。

19 继续从后发区取头发，向上收拢，整理出层次并固定。

20 从后发区右侧取头发，进行两股辫编发并抽出层次。

21 继续从后发区右侧取头发，进行两股辫编发并抽出层次。

22 将后发区剩余头发抽出层次，并向上提拉固定。

23 在头顶佩戴饰品。

24 对左侧发区头发进行两股编发，并适当抽出层次。

25 将抽好层次的头发在后发区固定。

26 对右侧发区头发进行两股辫编发并抽出层次。

27 将头发在后发区固定。

新娘平面拍摄复古晚礼妆容造型

解析：
在处理此款妆容的时候，通过眼线拉长眼形，使眼形更加妩媚复古。同时注意红唇的轮廓要饱满、清晰。在造型的处理上，发带和蝴蝶结的修饰使造型整体更加饱满。

1.赫莲娜猎豹睫毛膏（防水型）

2.芭比波朗晴彩魅惑眼线笔（1#）

3.日月晶采光透美肌眼影

4.美宝莲心动电光防水眼线液笔（金色）

5.奇士梦幻泪眼眼线液笔

6.魅可子弹头唇膏（RUBY WOO）

7.魅可时尚胭脂（Foolish me）

8.月儿公主假睫毛（N12）

9.月儿公主假睫毛（G5-05）

10.KATE立体造型三色眉粉（EX-4）

01 将上睫毛夹卷翘后刷涂睫毛膏。

02 提拉上眼睑，用黑色眼线笔描画眼线。

03 在紧靠真睫毛根部的位置粘贴假睫毛。

04 提拉上眼睑，继续粘贴假睫毛。

05 粘贴好之后适当按压。

06 从眼尾开始一段段向前粘贴假睫毛。

07 粘贴的位置不要太靠近内眼角。

08 粘贴美目贴，以增加双眼皮的宽度。

09 用眼线液笔勾画眼线，在上、下眼睑处晕染金棕色眼影。

10 在下眼睑处分段粘贴假睫毛。

11 用金色眼线液笔描画内眼角。

12 勾画内眼角的眼线。

13 用咖啡色眉粉描画眉形。

14 用亚光红色唇膏刷涂嘴唇，使嘴唇轮廓清晰、饱满。

15 斜向晕染棕橘色胭脂，以提升面部的立体感。

16 将刘海区头发向下打卷。

17 将打好的卷固定。

18 从右侧发区取头发并向上打卷。

19 将打好的卷固定。

20 从左侧发区取头发并向下打卷。

21 将左侧发区的剩余头发向上提拉并打卷。

22 将右侧发区的剩余头发向上提拉并打卷。

23 将顶区头发收拢后向后发区右侧打卷并固定。

24 将后发区左侧头发收拢后用发卡固定。

25 将左侧剩余头发向下打卷并固定。

26 将后发区右侧的剩余头发打卷并固定。

27 在头顶固定发带。

28 继续佩戴发带及蝴蝶结。

10

新娘平面拍摄古典旗袍妆容造型

解析:

处理此款妆容时, 不要用水性眼线笔描画眼线, 那样会使妆容显得妖媚, 不够柔和。要用眼线铅笔描画眼线。处理造型时, 要注意维持各个波纹之间的连贯性。另外要注意头发要固定牢固, 同时要隐藏好发卡。

── 美妆产品介绍 ──

1.芭比波朗晴彩魅惑眼线笔（1#）
2.魅可时尚焦点小眼影（WHITE FROST）
3.月儿公主假睫毛（dollywink）
4.唯魅秀奥斯卡风尚亚光唇膏（M01）

5.1818拉线眉笔（咖啡色）
6.唯魅秀轻奢美睫双头睫毛膏
7.唯魅秀纯色致柔腮红（G03）
8.唯魅秀羽柔雾面亚光眼影（A280）

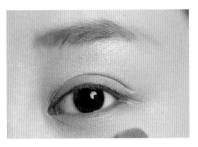

01 用少量珠光白色眼影提亮眼周。

02 提拉上眼睑，用黑色眼线笔描画眼线。

03 继续描画眼线，使眼线自然流畅。

04 在下眼睑眼尾处描画眼线。

05 在眼尾处用少量金棕色眼影晕染过渡。

06 在下眼睑处用少量金棕色眼影晕染过渡。

07 在上眼睑中间用少量珠光白色眼影晕染过渡。

08 提拉上眼睑，用睫毛夹将睫毛夹卷翘。

09 提拉上眼睑，用睫毛膏刷涂上睫毛。

10 用睫毛膏刷涂下睫毛。

11 在上眼睑靠近睫毛根部的位置粘贴假睫毛。

12 用咖啡色眉笔描画眉形。

13 在唇部描画亚光红色唇膏。在唇边缘用红色眼影点按，使唇边缘呈现自然雾面的感觉。

14 斜向晕染腮红，使面色红润自然。

15 在后发区将头发用发卡固定。

16 将后发区右侧头发向上打卷并固定。

17 将后发区左侧头发向上打卷并固定。

18 将后发区的剩余头发向上收拢并固定。

19 将右侧发区头发用波纹夹固定。

20 将头发用尖尾梳推出弧度。

21 将推好弧度的头发用波纹夹固定。

22 继续将头发用尖尾梳推出弧度。

23 将推好弧度的头发用波纹夹固定。

24 将左侧发区头发用波纹夹固定。

25 将头发用尖尾梳推出弧度。

26 将推好弧度的头发用波纹夹固定。

27 继续将头发推出弧度并用波纹夹固定。

28 将剩余头发继续推出弧度。

29 将推好弧度的头发用波纹夹固定。

30 对头发喷胶定型，待发胶干透后取下波纹夹。

11

新娘平面拍摄古典秀禾服妆容造型

解析：

处理此款妆容的时候，要注意眼妆颜色不宜过深，眼妆要自然、立体。处理发型的时候，要注意塑造刘海的发丝纹理及空间感。

———美妆产品介绍———

1.唯魅秀潮流风暴四色烤粉眼影（K02）　　5.唯魅秀纯色致柔腮红（G02）

2.月儿公主假睫毛（G5-29）　　　　　　　6.唯魅秀璀璨立体珠光眼影（B935）

3.1818拉线眉笔（咖啡色）　　　　　　　　7.唯魅秀璀璨立体珠光眼影（B905）

4.唯魅秀奥斯卡风尚亚光唇膏（M01）　　　8.芭比波朗晴彩魅惑眼线笔（1#）

01 在上眼睑处晕染珠光白色眼影。

02 在眼尾处晕染暗棕红色眼影。

03 在眼头处晕染暗棕红色眼影。

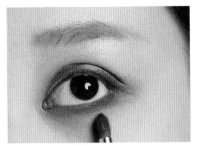

04 在下眼睑处晕染暗棕红色眼影。

05 在上眼睑中间晕染金棕色眼影。

06 在下眼睑处用金棕色眼影晕染过渡。

07 提拉上眼睑，描画眼线。

08 眼尾要自然描画，不要过于上扬。

09 提拉上眼睑，用睫毛夹将睫毛夹卷翘。

10 在紧靠睫毛根部的位置粘贴假睫毛。

11 用咖啡色眉笔描画眉形。

12 轻柔、自然地描画眉头。

13 用红色唇膏描画出饱满的唇形。

14 晕染自然红润的腮红。

15 将顶区头发扎成马尾。

16 将马尾收拢固定。

17 将后发区右侧头发向上提拉，扭转并固定。

18 将后发区左侧头发向上提拉，扭转并固定。

19 将发尾收拢并固定。

20 适当调整头顶造型的饱满度并固定。

21 将左侧发区头发向上提拉，扭转并在顶区固定。

22 用螺旋扫配合啫喱膏调整剩余发丝的纹理和弧度。

23 将右侧发区头发固定后，用螺旋扫配合啫喱膏调整刘海发丝的纹理和弧度。

24 调整左侧发区发丝层次。

25 调整右侧发区发丝层次。

26 在头顶佩戴饰品。

27 在左侧发区佩戴饰品。

28 在右侧发区佩戴饰品。

第6章

结婚当日整体妆容造型解析

新娘高贵白纱妆容造型

解析：

在此款妆容的处理上，要注意不要有过于浓重的色彩。唇妆的红色要恰到好处，不用亚光红色。在发型的处理上，要保留发丝层次，这样整体造型才能高贵又自然。

1.魅可时尚焦点小眼影（WHITE FROST）　　　6.CANMAKE防水持久染眉膏（02）

2.日月晶采光透美肌眼影　　　　　　　　　　7.唯魅秀持久耐汗水型眉笔（02#）

3.芭比波朗流云眼线膏（1#）　　　　　　　　8.纳斯唇膏（Shirley）

4.资生堂恋爱魔镜睫毛膏超现实激长款　　　　9.纳斯炫色腮红（ORGASM）

5.月儿公主假睫毛（G511）

01 用珠光白色眼影晕染提亮上眼睑。

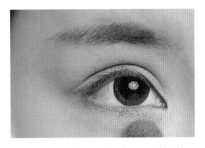

02 用珠光白色眼影提亮下眼睑眼头。

03 在上眼睑处用金棕色眼影晕染过渡。

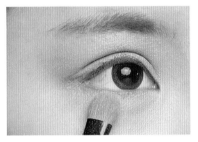

04 在下眼睑处用金棕色眼影晕染过渡。

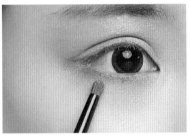

05 在下眼睑处用较深的金棕色眼影加深晕染。

06 在上眼睑眼尾处用较深的金棕色眼影加深晕染。

07 提拉上眼睑，用眼线膏描画眼线。

08 提拉上眼睑，用睫毛夹将睫毛夹卷翘。

09 提拉上眼睑，用睫毛膏刷涂上睫毛。

10 用睫毛膏刷涂下睫毛。

11 提拉上眼睑，粘贴假睫毛。

12 用染眉膏将眉色染淡。

13 用水眉笔描画眉形，使眉形更加完整。

14 在唇部刷涂红色唇膏。

15 用咬唇刷将唇边缘的轮廓线模糊掉。

16 晕染红润感腮红，使面色更加红润、自然。

17 将顶区头发用皮筋固定扎成马尾。

18 将马尾从皮筋中半掏出来。

19 将头发在顶区收拢并固定。

20 从右侧发区取头发向上提拉、扭转并固定。

21 固定好之后，将发尾在顶区打卷并固定。

22 继续将右侧发区头发向上提拉、扭转并固定。

23 将剩余发尾在顶区打卷并固定。

24 将后发区部分头发向上提拉、扭转并固定。

25 固定好之后,将发尾在顶区打卷并固定。

26 将后发区左侧剩余头发向上提拉、扭转并固定。

27 固定好之后,将发尾在顶区打卷并固定。

28 将左侧发区剩余头发向顶区提拉并固定。

29 固定好之后,将发尾在顶区打卷并固定。

30 将两侧发区的发丝调整出层次。

31 将刘海区头发梳理至右侧发区方向并打卷。

32 调整发卷，对额头适当地进行修饰。

33 将打好的卷在右侧发区固定。

34 在头顶佩戴饰品。

35 佩戴蝴蝶饰品。

新娘复古白纱妆容造型

解析:

此款妆容的色彩淡雅柔和，不要因为是复古风格，就将妆容处理得过于形式化，那样会显得比较生硬。在造型上，波纹位置的发丝要保留一点弯度，这样会使整体造型复古又自然生动。

1.TOMFORD双色高光自然修容粉（01#MOODLIGH）

2.魅可时尚焦点小眼影（WHITE FROST）

3.唯魅秀轻奢美睫双头睫毛膏

4.芭比波朗晴彩魅惑眼线笔（1#）

5.日月晶采光透美肌眼影

6.资生堂恋爱魔镜睫毛膏超现实激长款

7.KATE立体造型三色眉粉（EX-4）

8.1818拉线眉笔（咖啡色）

9.欧莱雅琉金唇膏（G101#）

10.纳斯炫色腮红（ORGASM）

11.资生堂修颜高光粉（WT905）

12.月儿公主假睫毛（N12）

01 在鼻根处用咖啡色修容粉对眼廓进行适当加深。

02 在上眼睑处用珠光白色眼影晕染过渡。

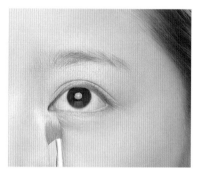

03 在下眼睑眼头处用珠光白色眼影晕染过渡。

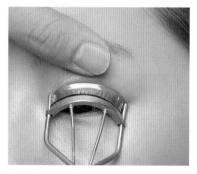

04 提拉上眼睑，用睫毛夹将睫毛夹翘。

05 提拉上眼睑，刷涂睫毛膏。

06 提拉上眼睑，用黑色眼线笔描画眼线，眼线可以向睫毛上方描画一点。

07 用小眼影刷将眼线晕染开。

08 提拉上眼睑，在上眼睑后半段靠近睫毛根部粘贴假睫毛。

09 提拉上眼睑，在上眼睑前半段粘贴假睫毛。

10 在上眼睑处用金棕色眼影晕染过渡。

11 在下眼睑后半段用金棕色眼影晕染过渡。

12 提拉上眼睑，刷涂睫毛膏，使真假睫毛衔接得更好。

13 用咖啡色眉粉刷涂眉形，使眉形更加清晰。

14 用咖啡色眉笔补充描画眉形。

15 在唇部刷涂鎏金粉色唇膏，使唇色粉嫩自然。

16 晕染嫩粉色珠光质感的腮红。

17 用修颜高光粉将苹果肌提亮，使腮红更自然、五官更立体。

18 将顶区的头发用皮筋固定。

19 对头发进行三股辫编发并抽出层次。

20 将编好的头发向上打卷并固定。

21 对左侧发区头发进行两股辫编发。

22 将编好的头发抽出层次并向后发区右侧固定。

23 对右侧发区头发进行两股辫编发并抽出层次，向后发区左侧固定。

24 继续对后发区右侧头发进行两股辫编发并抽出层次，向后发区左侧固定。

25 将后发区左侧头发以同样的方式操作，并向后发区右侧固定。

26 从后发区剩余的头发中分出头发并进行两股辫编发，抽出层次后固定。

27 对后发区剩余的头发进行两股辫编发并抽出层次。

28 将抽好层次的头发在后发区固定。

29 用尖尾梳将刘海区头发梳顺。

30 将头发用尖尾梳推出弧度。

31 将剩余发尾打卷并在右侧发区固定。

32 调整额头的小发丝并用发胶固定。

33 将左侧发区剩余头发扭转并固定。

34 将头发向后发区固定。

35 将发尾打卷并在左侧发区固定。

36 佩戴头纱。

37 在头顶佩戴饰品。

新娘森系田园白纱妆容造型

解析：

此款妆容的色彩淡雅、柔和，色调清新，所以眉形不要描画得过粗。造型上要保留发丝自然随意的感觉，不要过于规整。

1.JILL LEEN炫色迷你眼影盘（GM07）

2.赫莲娜猎豹睫毛膏（防水型）

3.植村秀砍刀眉笔（1#）

4.唯魅秀流光丰润唇膏（A05）

5.魅可时尚胭脂（Foolish me）

6.月儿公主假睫毛（N03）

01 在上眼睑处晕染浅金棕色眼影。

02 在下眼睑处用少量玫红色眼影晕染后，再用珠光浅金色眼影晕染。

03 在上眼睑处晕染浅金棕色眼影。

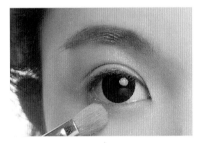

04 在下眼睑处晕染浅金棕色眼影。

05 在上眼睑处用金棕色眼影加深晕染。

06 在下眼睑眼尾处用金棕色眼影加深晕染。

07 用浅金棕色眼影晕染上眼睑边缘，使其过渡更加自然。

08 提拉上眼睑，用睫毛夹将睫毛夹卷翘。

09 提拉上眼睑，刷涂睫毛膏。

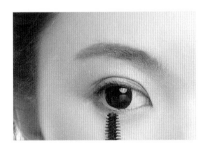

10 用睫毛膏刷涂下睫毛。

11 在上眼睑睫毛根部的位置粘贴假睫毛。

12 用黑色眉笔加深眉色。

13 用偏橘色唇膏描画唇形，使唇形饱满。

14 斜向晕染橘色胭脂，使妆感更加清新唯美。

15 将头发用电卷棒烫卷并喷发胶定型。

16 对顶区头发进行两股辫编发。

17 将头发适当抽出层次。

18 将头发在顶区打卷并固定。

19 对右侧发区头发进行两股辫编发。

20 将头发适当抽出层次。

21 头发不需要抽得过于凌乱，有一定层次即可。

22 将抽好的头发在头顶固定。

23 对左侧发区头发进行两股辫编发。

24 将头发适当抽出层次。

25 将头发在头顶固定。

26 在头顶固定发带。

27 固定好之后适当调整发丝层次。

28 在头顶佩戴造型花。

新娘浪漫柔美白纱妆容造型

解析：

在妆容上，玫红色的唇妆确定了妆容的浪漫基调。在烫发的时候，要考虑到发丝的摆放位置，这样才能使烫发的角度更符合造型的需要。

1.魅可时尚焦点小眼影（WHITE FROST）

2.芭比波朗夏季沙滩三色眼影盘（beach）

3.芭比波朗睛彩魅惑眼线笔（1#）

4.资生堂恋爱魔镜睫毛膏超现实激长款

5.植村秀白色双头眼线笔

6.CANMAKE防水持久染眉膏（02）

7.植村秀砍刀眉笔（1#）

8.唯魅秀持久耐汗水型眉笔（02#）

9.魅可子弹头唇膏（KINDA SEXY）

10.3CE 雾面唇膏（415#）

11.纳斯炫色腮红（DESIRE）

12.月儿公主假睫毛（G521）

01 用珠光白色眼影晕染提亮上眼睑。

02 用珠光白色眼影晕染提亮下眼睑。

03 在上眼睑处晕染金棕色眼影。

04 在下眼睑处晕染金棕色眼影。

05 在上眼睑处自睫毛根部向上晕染深金棕色眼影。

06 在下眼睑处晕染深金棕色眼影。

07 提拉上眼睑，用黑色眼线笔描画眼线。

08 描画眼线的时候，要将睫毛下方露白的位置描画到。

09 提拉上眼睑，用睫毛夹将睫毛夹卷翘。

10 用梳子头睫毛膏刷涂并梳理上睫毛。

11 用梳子头睫毛膏梳理下睫毛。

12 在下眼睑眼头处用珠光白色眼线笔描画。

13 从上眼睑眼尾开始向前分段粘贴假睫毛。

14 继续向前粘贴假睫毛，注意假睫毛要紧贴真睫毛根部。

15 用染眉膏将眉色染淡。

16 用黑色眉笔加深眉色。

17 用咖啡色水眉笔描画眉形，使眉形更加清晰。

18 用裸粉色唇膏描画唇形，以减淡唇色。

19 刷涂玫红色唇膏，使唇形饱满清晰。

20 斜向晕染粉嫩感腮红，使妆容更加柔美。

21 将前发区头发用电卷棒烫卷。

22 将后发区头发用电卷棒烫卷。

23 用气垫梳将烫卷的头发梳顺。

24 将刘海区头发梳理光滑。

25 适当喷胶后将后发区头发的发尾收拢。

26 调整造型两侧的烫发纹理并喷胶定型。

27 在头顶偏右侧佩戴饰品。

28 在头顶佩戴饰品。

29 在头部右侧佩戴饰品。

30 在头部左侧佩戴饰品。

05

新娘时尚气质白纱妆容造型

解析：

在处理此款妆容的时候，主要表现唇妆和眉毛，眼妆不要处理得过重。处理造型时，要注意保留两侧的发丝，这样可以让造型与饰品更好地结合。

1.资生堂恋爱魔镜睫毛膏超现实激长款

5.KATE立体造型三色眉粉（EX-4）

2.MAKE UP FOR LIFE能量红酷感双眸持久眼线水笔（02#）

6.欧珀莱臻彩丝绒唇膏（201#）

3.纳斯双色眼影（kualalumpur）

7.魅可柔彩矿质腮红（warm soul）

4.唯魅秀持久耐汗水型眉笔（02#）

8.月儿公主假睫毛（N03）

01 将睫毛夹翘后，在上眼睑睫毛根部粘贴假睫毛。

02 提拉上眼睑，刷涂睫毛膏，使真假睫毛衔接得更好。

03 用睫毛膏刷涂下睫毛。

04 用眼线水笔在上眼睑处紧贴睫毛根部描画眼线。

05 用眼线水笔勾画内眼角的眼线。

06 在上眼睑处晕染金棕色眼影。

07 在下眼睑处晕染金棕色眼影。

08 在上眼睑眼尾处用金棕色眼影加深晕染。

09 在上眼睑眼头处用金棕色眼影加深晕染。

10 在下眼睑处用金棕色眼影加深晕染。

11 用咖啡色水眉笔描画眉形，使眉形更加完整。

12 用咖啡色眉粉刷涂眉形，使眉形更加自然。

13 在唇部涂抹红色润泽唇膏，使唇形饱满。

14 斜向晕染腮红，以提升妆容的立体感。

15 保留刘海区头发，将剩余头发在后发区收拢并用皮筋固定。

16 固定好之后将头发打卷。

17 将打好卷的头发在顶区固定。

18 将刘海区头发适当倒梳，使其更具有层次感。

19 将倒梳好的头发在头顶收拢并固定。

20 调整左侧发区发丝，使其更具有层次感。

21 调整右侧发区发丝，使其更具有层次感。

22 调整刘海区发丝，使其更具有层次感。

23 在头顶位置佩戴饰品。

06

新娘复古优雅晚礼妆容造型

解析：

在此款妆容的处理上，唇部点缀少量金色，这样可以使妆容与服装更加协调。在发型的处理上，注意刘海区的头发要有一定的饱满度，这样才可以与后发区的造型更加协调。

————美妆产品介绍————

1.魅可时尚焦点小眼影（WHITE FROST）	5.唯魅秀流光丰润唇膏（A10）
2.唯魅秀潮流风暴四色烤粉眼影（K02）	6.欧莱雅琉金唇膏（G101#）
3.植村秀砍刀眉笔（3#）	7.唯魅秀三色轮廓立体粉（Y02）
4.日月晶采光透美肌眼影	8.月儿公主假睫毛（G5-29）

01 处理好真睫毛后，在上眼睑靠近真睫毛根部粘贴假睫毛。

02 在下眼睑处一根根地粘贴假睫毛。

03 在上眼睑处晕染珠光白色眼影。

04 在下眼睑处晕染珠光白色眼影。

05 在上眼睑处用少量棕红色眼影晕染。

06 在下眼睑处用少量棕红色眼影晕染。

07 在上眼睑靠近睫毛根部的位置用少量深金棕色眼影加深晕染。

08 用黑色眉笔加深眉色。

09 眉头要描画得自然柔和。

10 在唇部刷涂橘色唇膏并在橘色唇膏基础上点缀金色唇膏。

11 呈扇形晕染轮廓立体粉，以提升面部的立体感。

12 用尖尾梳将后发区头发梳顺。

299

13 将后发区头发用发卡固定。

14 用发卡在后发区横向固定头发。

15 将后发区右侧头发用皮筋固定。

16 将后发区左侧头发用皮筋固定。

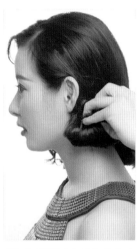

17 将后发区左侧头发向上打卷并固定。

18 将后发区右侧头发向上打卷并固定。

19 在头顶佩戴饰品。

20 在后发区下方将饰品固定牢固。

21 用发卡将刘海区头发向上固定。

22 将刘海区头发分片向下打卷并固定。

23 继续将头发向下打卷并固定。

24 将最后剩余发尾在后发区固定。

新娘清新唯美晚礼妆容造型

解析：

在此款妆容的处理上，用珠光白色眼线描画内眼角，将睫毛处理得精致，使眼妆更显生动。用橘色唇妆搭配生动的眼妆，使妆容呈现清新的田园感。用花朵装饰卷曲发丝的披发造型，呈现出一种浪漫恬淡的感觉。

1.唯魅秀潮流风暴四色烤粉眼影（K01）

2.魅可时尚焦点小眼影（WHITE FROST）

3.芭比波朗晴彩魅惑眼线笔（1#）

4.植村秀白色双头眼线笔

5.兰蔻梦魅晴灵防水"大眼娃娃"睫毛膏

6.CANMAKE防水持久染眉膏（02）

7.唯魅秀持久耐汗水型眉笔（02#）

8.唯魅秀奥斯卡风尚亚光唇膏（M03）

9.植村秀无色限幻彩胭脂（540#）

10.月儿公主假睫毛（N23）

11.月儿公主假睫毛（N08）

01 粘贴美目贴，以加宽双眼皮。

02 用珠光白色眼影提亮上眼睑。

03 用珠光白色眼影提亮下眼睑靠近内眼角位置。

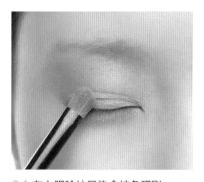

04 在上眼睑处晕染金棕色眼影。

05 在下眼睑处晕染金棕色眼影。

06 在上眼睑后半段叠加晕染金棕色眼影。

07 在上眼睑眼头处叠加晕染金棕色眼影。

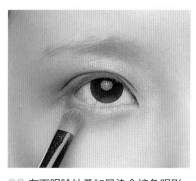

08 在下眼睑处叠加晕染金棕色眼影。

09 在上眼睑中间位置晕染少量浅金棕色眼影。

10 提拉上眼睑皮肤，用眼线笔描画眼线。

11 描画内眼角处的眼线。

12 提拉上眼睑皮肤，用睫毛夹将睫毛夹翘。

13 提拉上眼睑皮肤，刷涂睫毛膏。

14 用睫毛膏刷涂下睫毛。

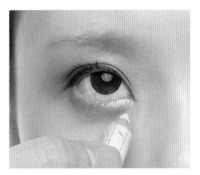

15 在下眼睑眼头位置描画珠光白色眼线。

16 提拉上眼睑皮肤，分段粘贴上眼睑处的假睫毛。

17 继续分段向前粘贴上眼睑处的假睫毛。

18 分段粘贴下眼睑处的假睫毛。

19 用染眉膏将眉色染淡。

20 用咖啡色水眉笔补充描画眉形。

21 在唇部涂抹橘色唇膏，使唇形饱满。

22 横向晕染橘色系胭脂。

23 将头发用电卷棒烫卷。

24 将刘海区头发处理出层次感。

25 对右侧发区头发进行两股辫编发。

26 将编好的头发在后发区固定。

27 对左侧发区头发进行两股辫编发。

28 将编好的头发在后发区固定。

29 用螺旋扫梳理刘海区发丝，使其更具自然感。

30 在左侧发区固定饰品。

31 在右侧发区固定饰品。

新娘时尚简约晚礼妆容造型

解析:

在此款妆容的处理上，要注意眼线的走向及刻画眼妆的细节，在妆容色彩比较淡的情况下使眼妆显得更立体。在造型的处理上，需要注意的是打卷的摆放位置，让顶区的头发呈现饱满的轮廓感。

1.日月晶采光透美肌眼影
2.唯魅秀酷感双眸持久眼线水笔（01#）
3.资生堂恋爱魔镜睫毛膏超现实激长款
4.唯魅秀潮流风暴四色烤粉眼影（K02）
5.美宝莲心动电光防水眼线液笔（金色）

6.唯魅秀持久耐汗水型眉笔（01#）
7.魅可子弹头唇膏（RUBY WOO）
8.唯魅秀花漾悦色腮红（F03）
9.月儿公主假睫毛（N23）

01 在上眼睑后半段晕染金棕色眼影。

02 提拉上眼睑，用眼线水笔描画眼线。

03 眼尾的眼线要描画得比较平缓。

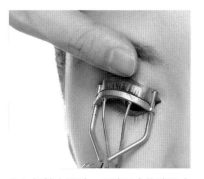

04 提拉上眼睑，用睫毛夹将睫毛夹卷翘。

05 用梳子头睫毛膏梳理上睫毛和下睫毛。

06 提拉上眼睑，粘贴假睫毛。

07 在上眼睑眼尾处晕染少量暗红色眼影。

08 在下眼睑眼头处用金色眼线液笔描画。

09 用灰色水眉笔描画眉形，使眉形更加清晰、流畅。

10 用亚光红色唇膏涂抹唇部，使唇形清晰、饱满。

11 斜向晕染红润感腮红，以提升面部的立体感。

12 将顶区及左右两侧发区部分头发在顶区扎成马尾。

13 将顶区头发分片打卷并固定。

14 继续将剩余顶区头发分片打卷并固定。

15 从顶区继续取头发进行打卷并固定。

16 将顶区最后剩余头发打卷。

17 将打好卷的头发固定。

18 将右侧发区剩余头发向上扭转并固定。

19 将固定好后的剩余发尾向前打卷并固定。

20 将左侧发区剩余头发及部分后发区头发向上提拉并固定。

21 将剩余发尾向下打卷并固定。

22 将后发区中间头发向上提拉、扭转并固定。

23 将固定好之后的发尾向下打卷并固定。

24 将后发区左侧头发向上提拉并扭转。

25 将扭转好的头发用发卡固定。

26 将剩余发尾打卷并固定。

27 将后发区右侧的剩余头发向上提拉并扭转。

28 将扭转好的头发固定。

29 将剩余发尾向上打卷并固定。

30 将刘海区头发向后用发卡固定。

31 将刘海区头发向前打卷并固定。

32 在头顶佩戴饰品。

新娘中式旗袍妆容造型

解析：

在此款妆容的处理上，要注意眼线的处理，使眼形有一种古典优雅的感觉。在处理造型的时候，要注意塑造刘海区造型结构的立体感和两侧发区的饱满度。

— 美妆产品介绍 —

1.魅可时尚焦点小眼影（WHITE FROST）
2.芭比波朗睛彩魅惑眼线笔（1#）
3.植村秀白色双头眼线笔
4.唯魅秀潮流风暴四色烤粉眼影（K02）
5.奇士梦幻泪眼眼线液笔
6.资生堂恋爱魔镜睫毛膏超现实激长款

7.植村秀砍刀眉笔（3#）
8.唯魅秀流光丰润唇膏（A08）
9.魅可唇彩（Patrick Woo）
10.月儿公主假睫毛（G5-29）
11.纳斯经典修容腮红（#Outlaw）

01 用珠光白色眼影晕染提亮上眼睑。

02 用珠光白色眼影晕染提亮眼头。

03 提拉上眼睑，用眼线笔描画眼线。

04 用珠光白色眼线笔描画眼头。

05 在上眼睑处晕染红色眼影。

06 在下眼睑处晕染红色眼影。

07 提拉上眼睑，用眼线液笔描画眼线。

08 提拉上眼睑，用睫毛夹将睫毛夹卷翘。

09 提拉上眼睑，刷涂睫毛膏。

10 用睫毛膏刷涂下睫毛。

11 提拉上眼睑，粘贴假睫毛。

12 用咖啡色眉笔描画眉形。

13 用咖啡色眉笔拉长描画眉尾。

14 在唇部刷涂红色润泽唇膏。

15 用红色唇彩涂抹唇部，使唇妆更加丰盈。

16 斜向晕染腮红，以提升面部的立体感。

17 将后发区的头发扎成马尾并固定。

18 将刘海区左侧的头发打卷。

19 将打好的卷固定。

20 将剩余发尾继续打卷并固定。

21 将刘海区右侧的头发向上提拉、扭转并固定。

22 将剩余发尾在头顶打卷并固定。

23 将右侧的剩余头发向上扭转并固定。

24 将剩余发尾在头顶打卷并固定。

25 从马尾中分出头发，在后发区右上方打卷并固定。

26 继续从马尾中分出头发，打卷并固定。

27 将马尾中剩余的头发依次分出，打卷并固定。

28 佩戴造型花。

新娘中式秀禾服妆容造型

解析：

在处理此款妆容的时候，为配合服装的色彩，不要将妆容颜色处理得过重，尤其是唇妆的色彩要相对柔和。在处理造型的时候，要注意刘海区头发光滑、伏贴，饰品佩戴端正。

1.唯魅秀酷感双眸持久眼线水笔（01#）　　4.唯魅秀奥斯卡风尚亚光唇膏（M05）

2.魅可时尚焦点小眼影（WEDGE）　　　5.魅可时尚胭脂（Foolish me）

3.植村秀砍刀眉笔（1#）　　　　　　　6.月儿公主假睫毛（G511）

01 处理好真睫毛后，粘贴美目贴以增加双眼皮的宽度。紧靠真睫毛根部粘贴假睫毛。

02 用眼线水笔描画眼线。

03 眼尾的眼线自然上扬。

04 将整条眼线描画完整。

05 在上眼睑眼尾处晕染咖啡色眼影。

06 在下眼睑处晕染咖啡色眼影。

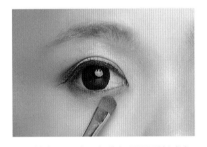

07 整个下眼睑用咖啡色眼影晕染过渡。

08 将上眼睑的眼影边缘晕染过渡开。

09 用黑色眉笔补充描画眉形。

10 将眉头描画得自然柔和。

11 用橘红色唇膏刷涂唇部，使唇形饱满。

12 斜向晕染棕橘色胭脂，以提升面部的立体感。

13 将顶区头发向上提拉并倒梳。

14 将左侧发区头发在后发区扭转，适当向上推后固定。

15 将右侧发区头发扭转，适当向上推后固定。

16 将后发区右侧头发向后发区左侧扭转并固定。

17 用同样方式操作后发区左侧头发。

18 将刘海区头发中分并将其梳理光滑。

19 将两侧刘海区头发在后发区固定。

20 将后发区的剩余头发倒梳。

21 将倒梳好的头发表面梳理光滑，向上翻卷并固定。

22 在头顶佩戴饰品。

23 在后发区佩戴饰品。

新娘中式龙凤褂妆容造型

解析：

处理此款妆容时，注意唇形要精致，不要将唇描画得过大。处理造型时，要注意自然的层次感，通过佩戴饰品使造型呈现大气高贵的感觉。此款造型的打卷很重要。处理好打卷，在佩戴饰品的时候才不会显得过空。

1.魅可时尚焦点小眼影（WHITE FROST）
2.唯魅秀潮流风暴四色烤粉眼影（K01）
3.月儿公主假睫毛（G5-29）
4.唯魅秀花漾悦色腮红（F06）
5.唯魅秀持久耐汗水型眉笔（01#）

6.美勒Miss Rose卷翘双头睫毛膏
7.娇韵诗睫毛定型液
8.KISSME HEAVY ROTATION染眉膏（03#）
9.唯魅秀流光丰润唇膏（A07）
10.KATE立体造型三色眉粉（EX-4）

01 在上眼睑处晕染珠光白色眼影。

02 提拉上眼睑，用黑色眼线笔描画眼线。

03 提拉上眼睑，用睫毛夹将睫毛夹卷翘。

04 提拉上眼睑，用睫毛定型液刷涂睫毛。

05 在上眼睑处晕染金棕色眼影。

06 继续在上眼睑处用金棕色眼影晕染过渡。

07 在下眼睑处晕染金棕色眼影。

08 用睫毛膏刷涂上下睫毛，使其更加浓密。

09 在上眼睑紧贴真睫毛根部的位置粘贴假睫毛。

10 继续刷涂睫毛膏，加强睫毛的浓密效果。

11 用染眉膏将眉色染淡。

12 用水眉笔描画眉形。

13 用眉粉加深眉毛的颜色。

14 晕染腮红，使面色更加红润自然。

15 在唇部刷涂自然红润的唇膏。

16 将顶区头发向上提拉并倒梳。

17 在后发区左侧将头发扭转并固定。

18 在后发区右侧将头发扭转并固定。

19 在后发区将顶区头发隆起一定的高度。

20 在后发区用发卡固定头发。

21 从后发区左侧取头发，沿后发区右侧打卷并固定。

22 从后发区右侧取头发，沿后发区左侧打卷并固定。

23 继续从后发区左侧取头发，沿后发区右侧打卷并固定。

24 从后发区右侧取头发，沿后发区左侧打卷并固定。

25 将后发区的剩余头发收拢并固定。

26 从左侧发区取头发进行两股辫编发，抽出层次后在后发区固定。

27 对左侧发区剩余头发进行两股辫编发，抽出层次后在后发区固定。

28 从右侧发区取头发进行两股辫编发。

29 将编好的头发抽出层次后在后发区固定。

30 将右侧发区的剩余头发适当抽出层次并固定。

31 佩戴饰品。

32 佩戴发钗。

第7章

结婚当日新娘妆容造型变化流程

新娘妆发变化流程

　　婚礼当天，时间会非常紧张，要留出固定的时间为新娘化妆、做造型。婚礼当天的化妆造型一般分为以下6个部分，有时因为婚礼当天不同的安排会有所增减。

新娘出门妆

　　新娘出门妆是新郎来接亲时新娘的妆容造型，也是婚礼当天的第一个妆容造型。化妆造型师应根据所需要的时间和新娘沟通，确定开始化妆造型的时间。根据婚礼形式的不同，有些出门妆的服装会选择白纱，而有些会选择秀禾服等。

新娘迎宾妆

　　新娘迎宾妆一般情况下与出门妆是同一个妆容。有些新娘的要求比较高或者婚礼时间比较充裕，会要求重新设计一款造型作为迎宾造型，与迎宾礼服相搭配。一般迎宾妆的服装以白纱居多。

新娘典礼妆

　　新娘典礼妆是指举行婚礼仪式时新娘的妆容造型，大部分新娘的典礼服装是白纱。这是整个婚礼流程中最重要的一款妆容造型。这种妆容对速度的要求比较高，在保证速度的同时，还要保证质量。头发、头纱要固定好，发卡要隐藏好，造型要对称，饰品的佩戴位置要合适。不能因为其中的某个细节出现问题而使结婚仪式出现瑕疵。

新娘敬酒妆

　　新娘敬酒妆，顾名思义，是新娘在向亲朋好友敬酒的时候搭配敬酒服的妆容造型。敬酒的服装一般会选择比较喜庆的晚礼服，所以妆容造型要比典礼妆容妩媚。妆容的细节处理非常重要，粉底、睫毛的选用等都不容忽视。当然，如果在打造第一个妆容的时候就打好了基础，后面处理起来就会十分简单。

新娘送宾妆

　　新娘送宾妆是指在婚礼结束之后，新娘送客人时搭配相应服装的妆容造型。在很多婚礼中，这是最后一款妆容造型。大部分送宾服装会选择旗袍。

新娘晚宴妆

　　有些婚礼有晚宴，并且有简短的仪式。如果遇到此类婚礼，可根据我们上面介绍的内容，通过观察服装及现场的情况，酌情考虑处理方法。

　　以上是一些结婚当日新娘妆容造型的基本顺序。其实并不是所有的新娘在结婚当日都会选择这么多妆容造型，一般会选择3组或4组。在妆容的变化上，一般我们遵循加色化妆的方式，即适当加色点缀，尽量不要对眼妆及底妆做大的改动。在造型的处理上，因为时间紧张，所以一般是拆开一部分造型以打造新造型，而不是全部拆开。造型的变化要有技巧，可通过细节的变化和饰品的搭配呈现不同的造型风格。

新娘妆发变化案例

人物原型

解析:

在处理整体妆容造型的时候要注意,在开始化妆时要想到后面该怎样补充或修改妆容。在处理造型的时候也是如此,这样能更快、更好地完成妆容造型。另外,在改造型的时候要注意造型的饱满度,让新娘以任何角度面对参加婚礼的客人都可以相对完美。

---美妆产品介绍---

1.唯魅秀密集保湿纯露

2.芭比波朗莹彩润泽妆前隔离乳

3.唯魅秀高清丝羽轻盈蜜粉(1#)

4.芭比波朗虫草精华养肤粉底液(1#)

5.资生堂修颜高光粉(WT905)

6.魅可时尚焦点小眼影(WHITE FROST)

7.芭比波朗晴彩魅惑眼线笔(1#)

8.资生堂恋爱魔镜睫毛膏超现实激长款

9.月儿公主假睫毛(G511)

10.KISSME HEAVY ROTATION染眉膏(03#)

11.植村秀砍刀眉笔(3#)

12.魅可子弹头唇膏(RUBY WOO)

13.唯魅秀三色轮廓立体粉(Y02)

14.日月晶采光透美肌眼影

15.唯魅秀流光丰润唇膏(A06)

16.唯魅秀琉璃时光丰唇蜜(W02)

17.植村秀白色双头眼线笔

18.唯魅秀酷感双眸持久眼线水笔(02#)

19.圣罗兰情挑诱吻唇蜜(1#)

中式妆发

01 涂一层保湿纯露，再涂一层妆前隔离乳。用粉底液进行打底，注意要将粉底液刷涂到位。

02 用散粉刷蘸取轻盈蜜粉对面部进行定妆，可以用蜜粉刷蘸取蜜粉在眼周进行细节定妆。

03 在额头处用高光粉进行提亮。

04 在眼睑下方用高光粉进行提亮。

05 在下巴处用高光粉进行提亮。

06 在上眼睑处晕染珠光白色眼影。

07 在下眼睑处晕染珠光白色眼影。

08 在上眼睑紧贴睫毛根部描画眼线。

09 在上眼睑处晕染金棕色眼影。

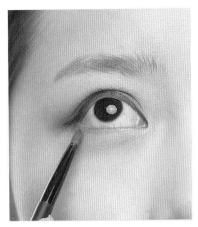

10 在下眼睑处晕染金棕色眼影。

11 提拉上眼睑，用睫毛夹将睫毛夹卷翘。

12 用睫毛膏刷涂上睫毛。

13 用睫毛膏刷涂下睫毛。

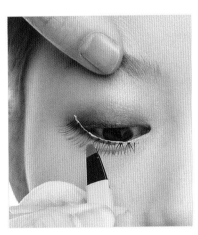

14 提拉上眼睑，在紧贴睫毛根部的位置粘贴假睫毛。

15 用镊子适当按压使假睫毛粘贴得更加牢固。

16 刷涂睫毛膏，使真假睫毛衔接得更加自然。

17 用染眉膏将眉色染淡。

18 用咖啡色眉笔补充描画眉形。

19 用亚光红色唇膏描画出饱满的唇形。

20 晕染腮红，使面色呈现红润自然的感觉。

21 将刘海区及两侧发区头发中分后分别临时进行固定。

22 将后发区头发用气垫梳梳顺。

23 将顶区头发向上提拉并倒梳。

24 将倒梳好的头发表面梳理光滑并适当喷胶定型。

25 将头发向后发区方向打卷。

26 将打好卷的头发固定。

27 将后发区的一部分头发用发网套住。

28 将发网套住的头发向上收拢并固定。　29 将后发区另一部分头发用发网套住。　30 将发网套住的头发向上收拢并固定。

31 将右侧刘海区头发梳理得光滑、
伏贴。

32 将头发在后发区右侧扭转并固定。

33 将左侧发区头发梳理得光滑、
伏贴。

34 将头发在后发区左侧扭
转并固定。

35 适当地用啫喱膏让两侧
发区的鬓角更加伏贴。

36 将右侧发区剩余发尾打
卷并固定。

37 将左侧发区剩余发尾打
卷并固定。

38 在头顶佩戴饰品。

39 在后发区两侧佩戴饰品。

40 在后发区两侧上方分别佩戴发钗。

白纱妆发

01 将后发区的造型结构拆开。

02 对左右两侧发区发尾分别进行两股辫编发，并在头顶固定。

03 将后发区右侧头发向上提拉、收拢并固定。

04 继续将后发区头发向上提拉、收拢并固定。

05 以同样方式继续将后发区头发向上收拢并固定。

06 将后发区左侧的剩余头发向上提拉、收拢并固定。

07 将发尾适当调整出层次并固定。

08 将头发适当调整出层次并喷胶定型。

09 在头顶佩戴饰品，使造型更加饱满。

10 在后发区固定头纱。

11 在上眼睑处将眼影颜色适当加深。

12 用少量金棕色眼影晕染，使眼影的过渡更加自然。

13 用少量嫩粉色唇膏将唇色减淡。

14 在唇部点缀亮泽的唇蜜。

晚礼妆发

01 保留造型的顶区发包，将剩余位置的造型拆开。

02 从后发区上方取头发进行倒梳。

03 将倒梳好的头发向上打卷并固定。

04 继续将后发区头发倒梳。

05 将倒梳好的头发向上提拉、打卷并固定。

06 在后发区右侧取头发，分片倒梳。

07 将后发区右侧剩余头发倒梳，把头发表面梳理光滑。

08 将梳理好的头发向上提拉并打卷。

09 将打好卷的头发固定，并将头发表面梳理光滑。

10 将后发区左侧的剩余头发倒梳。

11 将头发表面梳理光滑，向上提拉、打卷并固定。

12 将刘海区及右侧发区头发倒梳，使其更具层次感。

13 将刘海区头发用波纹夹临时固定。

14 将发尾在后发区收拢并固定。

15 将左侧发区剩余发丝倒梳，使其更具层次感。

16 用尖尾梳调整倒梳好的发丝的层次。

17 将左侧发区头发在后发区收拢并固定。

18 对头发进行喷胶定型并调整层次。

19 将刘海区的波纹夹取下。

20 在面部叠加晕染腮红，使面色更加红润。

21 在眼头处用珠光白色眼线笔描画提亮，使眼部更加立体。

22 用眼线水笔勾画内眼角，以拉长眼形。

23 用眼线水笔描画眼线，拉长眼尾。

24 在唇部点缀半透明唇蜜，使唇更加丰盈。

第8章

中国古典嫁衣妆容造型

汉服妆容造型

解析：
此款妆容要红而不艳，腮红的色彩不宜过深。造型上用银饰品突出年代感。

1.魅可时尚胭脂（Foolish me）

2.魅可时尚焦点小眼影（WHITE FROST）

3.魅可时尚焦点小眼影（RULE）

4.魅可时尚焦点小眼影（WEDGE）

5.水溶油彩（红色）

6.1818 拉线笔（黑色）

7.萌黛儿马毛假睫毛（963＃）

8.魅可子弹头唇膏（RUBY WOO）

9.KATE立体造型三色眉粉（EX-4）

10.植村秀砍刀眉笔（1#）

01 斜向晕染橘色胭脂。

02 用少量珠光白色眼影晕染提亮上眼睑。

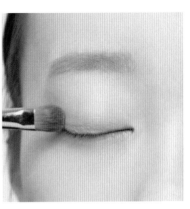

03 在上眼睑处淡淡地晕染亚光橘色眼影。

04 在下眼睑处用亚光橘色眼影晕染过渡。

05 在上眼睑后半段继续用亚光橘色眼影叠加晕染，边缘过渡要自然。

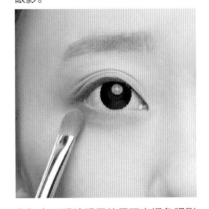

06 在下眼睑眼尾处用亚光橘色眼影加深晕染。

07 在下眼睑眼尾处用亚光橘色眼影继续加深晕染。

08 用红色水溶油彩在上眼睑紧贴睫毛根部的位置描画眼线。

09 眼尾的眼线要流畅、自然。

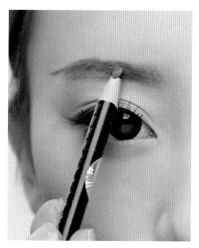

10 用黑色拉线笔对眼尾靠近睫毛根部位置的眼线进行加深。

11 将真睫毛处理好之后，在上眼睑紧贴真睫毛根部的位置粘贴假睫毛。

12 用咖啡色眉粉描画眉形后用黑色眉笔加深。

13 眉形呈柳叶形，越靠近眉头眉色越浅。

14 用偏红的亚光唇膏描画唇形，唇峰轮廓饱满。

15 将后发区头发收拢，并用皮筋固定。

16 将左右两侧发区头发在后发区收拢并固定。

17 在后发区佩戴假发片。

18 将假发片中间的一部分假发用皮筋固定。

19 在头顶佩戴假发髻。

20 将左侧剩余假发缠绕在假发髻上。

21 右侧用同样的方式操作，将剩余发尾在后发区打卷并收拢。

22 将收拢好的头发固定牢固。

23 在后发区纵向固定条形发髻。

24 在后发区发髻佩戴发钗。

25 在头顶佩戴饰品。

26 在发髻两侧佩戴发钗。

唐代宫廷服妆容造型

解析：

红艳妩媚的妆容与金冠相互结合，高贵又华美。用金色发钗加固金冠，使其更加牢固。在两侧发区佩戴发钗和流苏饰品，使整体造型更加奢华。

1.唯魅秀高定晴采四色眼影（105）
2.1818拉线眉笔（咖啡色）
3.月儿公主假睫毛（3D-5）
4.赫莲娜猎豹睫毛膏（防水型）
5.水溶油彩（红色）
6.1818拉线笔（黑色）
7.魅可子弹头唇膏（RUBY WOO）
8.独角兽丝绒雾面亚光唇釉（RED VELVET）
9.CANMAKE双格珠光眼影（02#）
10.魅可矿物质腮红（Coppertone）
11.奇士美眼线液笔（黑色）

01 斜向晕染棕色腮红。

02 在上眼睑处晕染金棕色眼影。

03 在整个下眼睑处晕染金棕色眼影。

04 在上眼睑后半段用棕红色眼影进行加深并晕染过渡。

05 在下眼睑后半段用棕红色眼影晕染过渡。

06 在上眼睑处用黑色拉线笔描画眼线，眼尾自然上扬。

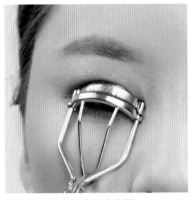

07 用睫毛夹将睫毛夹卷翘。

08 紧贴真睫毛根部粘贴假睫毛。

09 刷涂睫毛膏，使睫毛更加浓密。

10 用红色水溶油彩描画眼线。

11 眼尾自然上扬。

12 加宽红色眼线。

13 向后衔接描画，眼尾自然上扬拉长。

14 自然描画加宽眼线，使其自然过渡。

15 用黑色眼线液笔描画眼线，使其与红色眼线相互衔接。

16 用咖啡色拉线眉笔描画眉形。

17 眉形平缓，将眉尾拉长。

18 用少量红色水溶油彩描画眉毛。

19 用红色亚光唇膏描画唇形。

20 将红色亚光唇膏涂满嘴唇。

21 在唇部涂抹红色唇釉并涂抹均匀。

22 在唇部点缀金色眼影，使唇更加立体。

23 用红色水溶油彩描画花钿。

24 继续用水溶油彩描画花瓣。

25 将花瓣边缘晕染开，使其更加立体。

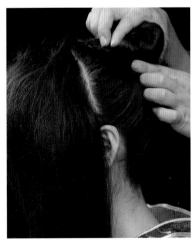

26 将后发区头发收拢并固定。

27 在两侧发区头发后方固定小牛角假发。

28 将两侧发区头发分别向后扭转并固定，使两侧发区轮廓饱满。

29 在头顶固定假发包。

30 将黑布包裹并固定在发包上。

31 在头顶佩戴金冠。

32 用金色发钗加强固定金冠，使其更加牢固。

33 继续佩戴饰品。

34 在两侧发区佩戴饰品。

35 在造型两侧佩戴发钗。

清代宫廷服妆容造型

解析：

此款妆容较为隆重，要注意眼线的刻画及眼影层次晕染的立体感呈现。另外，眉形的处理要独具个性。搭配流苏挂饰，以增强钿子的华美感。

1.唯魅秀潮流风暴四色烤粉眼影（K02）
2.唯魅秀高定晴采四色眼影（105）
3.芭比波朗流云眼线膏（1#）
4.魅可时尚焦点小眼影（WHITE FROST）
5.赫莲娜猎豹睫毛膏（防水型）
6.唯魅秀酷感双眸持久眼线水笔（01#）
7.唯魅秀丝柔雾面亚光眼影（A10）
8.魅可子弹头唇膏（RUBY WOO）
9.CANMAKE双格珠光眼影（02#）
10.魅可柔彩矿质腮红（peaches）
11.植村秀砍刀眉笔（1#）

01 在上眼睑处淡淡地晕染一层暗红色眼影。

02 在下眼睑处晕染暗红色眼影。

03 在上眼睑后半段晕染金棕色眼影，使眼尾自然上扬。

04 在下眼睑处晕染金棕色眼影。

05 在上眼睑眼尾处用亚光咖啡色眼影加深。

06 在眼头处用亚光咖啡色眼影加深。

07 在下眼睑后半段用亚光咖啡色眼影加深晕染。

08 用眼线膏描画眼线。

09 用眼线膏描画眼头的眼线。

10 用眼线膏描画下眼睑后半段眼线。

11 在上眼睑眉骨处晕染浅金棕色眼影过渡，使眼妆更加自然。

12 用珠光白色眼影提亮眼头。

13 夹翘睫毛，处理好真假睫毛后刷涂睫毛膏，使睫毛更加浓密。

14 用黑色眼线水笔描画上眼线。

15 在眼尾处用黑色眼影局部加深。

16 在上眼睑处晕染金棕色眼影。

17 用黑色眉笔描画眉形，眉形呈向后收窄的形状。

18 用眼影刷将眉色刷均匀。

19 用红色亚光唇膏描画唇形，使唇形饱满。

20 斜向晕染腮红，以提升面部的立体感。

21 将顶区头发收拢并固定。

22 在后发区固定燕尾假发。

23 将后发区右侧头发向后发区左侧梳理并固定。

24 将后发区左侧头发向后发区右侧梳理并固定。

25 将头发在顶区收拢并固定牢固。

26 将左侧发区头发向后发区收拢并固定。

27 将右侧发区头发向后发区收拢并固定。

28 将两侧发区的头发包在燕尾上并固定。

29 将两侧鬓角处的头发打卷后固定。

30 在头顶固定假刘海。

31 在燕尾上固定饰品。

32 在头顶佩戴钿子。

33 在钿子两侧佩戴绢花。

34 在钿子两侧佩戴流苏饰品。

35 继续佩戴流苏饰品。

凤冠霞帔妆容造型

解析：

在妆容的处理上，注意要精致、流畅，眼尾自然上扬，唇妆红润，唇形饱满，喜庆的妆感与凤冠霞帔更加相配。在造型的处理上，要注意基底牢固，这样可以更好地固定凤冠。

1.唯魅秀纯色致柔腮红（G02）

2.日月晶采光透美肌眼影

3.唯魅秀高定晴采四色眼影（106）

4.奇士梦幻泪眼眼线液笔

5.月儿公主假睫毛（3D-5）

6.KATE立体造型三色眉粉（EX-4）

7.1818拉线笔（黑色）

8.魅可子弹头唇膏（RUBY WOO）

01 晕染腮红，使面色红润自然。

02 在上眼睑处晕染金棕色眼影。

03 在眼尾处加深晕染。

04 在下眼睑处晕染金棕色眼影。

05 用少量棕红色眼影将眼影边缘扩散晕染开。

06 在下眼睑眼尾处用棕红色眼影加深晕染。

07 用眼线液笔描画眼线。

08 眼尾的描画呈自然上扬的状态。

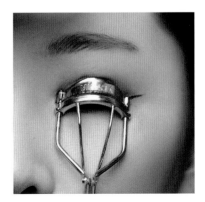

09 用睫毛夹将睫毛夹卷翘。

10 在上眼睑处粘贴假睫毛。

11 用咖啡色眉粉刷涂眉毛。

12 用黑色拉线笔加深眉色，使眉形更立体。

13 用亚光红色唇膏描画出饱满的唇形。

14 将头发收起后，用啫喱膏将鬓角处理得光滑、伏贴。

15 在头顶佩戴凤冠。

16 在后发区固定假发髻。

17 在后发区右上方固定假发髻。

18 在后发区左上方固定假发髻。

19 将后发区的假发髻和凤冠牢牢地
固定在一起。

20 在凤冠前佩戴流苏挂件。

21 在后发区佩戴流苏饰品。

22 在假发髻上方佩戴饰品。

23 在后发区两侧佩戴发钗。

第9章

新郎、伴娘妆容造型

新郎绅士风格妆容造型

解析：

处理妆容的时候要注意，描画的眉毛要有一些棱角感，男士的眉毛不要描画得太柔和。

美妆产品介绍

1.阿玛尼大师造型粉底液

2.TOM FORD双色修容膏（01# INTENSITY ONE）

3.好莱坞的秘密五色遮瑕盘（1#）

4.唯魅秀高清丝羽轻盈蜜粉（GQ01）

5.魅可时尚焦点小眼影（WEDGE）

6.植村秀砍刀眉笔（1#）

7.TOM FORD 双色高光自然修容粉（01#MOODLIGH）

8.欧莱雅男士劲能极润护唇膏

01 护肤后，用粉底液对面部进行打底。

02 注意眼周的打底要细致、到位。

03 用修容膏对面颊进行修饰，使面部轮廓更加清晰。

04 在鼻根处刷涂修容膏，使鼻子更加立体。

05 在下眼睑处用遮瑕膏遮盖黑眼圈。

06 用轻盈蜜粉对面部进行定妆。

07 在上眼睑处晕染亚光咖啡色眼影。

08 在下眼睑处晕染亚光咖啡色眼影。

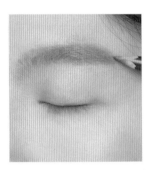

09 用黑色眉笔描画眉形，使眉形看起来比较硬朗。

10 用黑色眉笔对眉头进行描画，使眉毛更加具有整体感。

11 用螺旋扫在黑色眉笔上刷一些颜色，然后刷涂在睫毛上，使睫毛更黑。

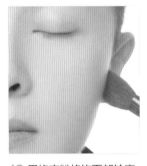

12 用修容粉修饰面部轮廓。

13 用黑色眉笔描画鬓角。

14 用棉签蘸水，将唇部的粉底擦拭干净，然后涂少量唇膏。

15 在头发上涂抹发油，用尖尾梳将头发向后发区梳理。

16 喷胶定型。

02

新郎暖男风格妆容造型

After

解析:

描画眼线后，要用刷子将眼线自然晕染开，过于明显的眼线会使人显得太阴柔，不适合在男士妆容中使用。

Before

───── 美妆产品介绍 ─────

1.魅可持久粉凝霜（NC35）

2.唯魅秀高清丝羽轻盈蜜粉（GQ01）

3.唯魅秀持久耐汗水型眉笔（01#）

4.芭比波朗睛彩魅惑眼线笔（1#）

5.欧莱雅男士劲能极润护唇膏

01 在面部用粉凝膏打底。

02 对鼻窝、眼周等部位进行细致打底。

03 用蜜粉扑蘸取轻盈蜜粉，对整个面部进行定妆。

04 用螺旋扫将眉毛中的杂粉清理干净。

05 用灰色水眉笔描画眉形。

06 用黑色眼线笔在上眼睑靠近睫毛根部的位置描画眼线。

07 用眼影刷将黑色眼线晕染开。

08 在唇部涂抹少量唇膏，使唇部自然红润。

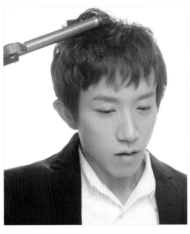

09 用电卷棒把头发烫卷。

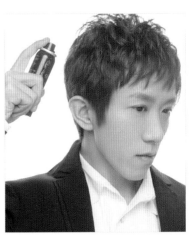

10 将头发调整出层次并喷胶定型。

03

伴娘妆容造型

解析：

在处理妆容的时候，眼妆的色彩不要太深。伴娘一般穿着小礼服，眼妆呈现自然柔和的感觉就好。造型自然即可，在刘海区及两侧发区呈现自然的饱满度。

美妆产品介绍

1. 日月晶采双魅眼影（05＃）
2. KIKO单色眼影（246＃紫灰珠光）
3. 资生堂恋爱魔镜睫毛膏超现实激长款
4. 月儿公主假睫毛（G5-03）

5. 唯魅秀羽柔雾面亚光眼影（A10）
6. 植村秀砍刀眉笔（3#）
7. 魅可子弹头唇膏（SEE SHEER）
8. 唯魅秀花漾悦色腮红（F06）

01 在上眼睑处晕染珠光淡粉色眼影。

02 在上眼睑眼尾处晕染低饱和度的紫灰色珠光眼影。

03 在下眼睑眼尾处晕染低饱和度的紫灰色珠光眼影。

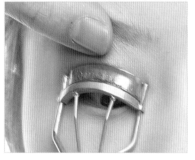

04 提拉上眼睑，用睫毛夹将睫毛夹卷翘。

05 提拉上眼睑，刷涂睫毛膏。

06 在上眼睑处粘贴假睫毛。

07 适当按压，使假睫毛粘贴得更加牢固。

08 用镊子将睫毛适当上抬，使其更加卷翘。

09 在眼尾处晕染少量黑色眼影。

10 在下眼睑处晕染少量黑色眼影。

11 用咖啡色眉笔描画眉形。

12 在唇部刷涂自然红润的润泽唇膏。

13 晕染红润感腮红，使面色更加红润。

14 将左侧发区头发向后发区方向扭转。

15 将扭转好的头发在后发区固定。

16 将右侧发区头发向后发区方向扭转。

17 将扭转好的头发在后发区固定。

18 从刘海区取头发，进行两股辫编发。

19 将编好的头发适当抽出层次。

20 将抽好层次的头发在后发区固定。

21 对剩余头发进行两股辫编发并抽出层次。

22 将抽好层次的头发在后发区固定。

23 从后发区右侧取头发，并进行两股辫编发。

24 将编好的头发向上收拢并固定。

25 从后发区左侧取头发，进行两股辫编发。

26 将编好的头发向上收拢并固定。

27 对后发区的剩余头发进行两股辫编发。

28 将编好的头发适当抽出层次。

29 将抽好层次的头发向上收拢并固定。

第10章

新娘饰品制作技法

新娘绢花饰品制作技法

工具材料：

打火机、胶枪、欧根纱、细铁丝、珍珠、纸、剪刀。

01 用剪刀将欧根纱剪出花瓣的形状，并用打火机将纱边缘烤卷曲。

02 以同样的方式将欧根纱剪出花瓣的形状，多剪一些，并用打火机对着边缘烤。

03 用细铁丝穿一颗珍珠。

04 将铁丝拧紧。

05 用胶枪将花瓣和珍珠粘在一起。

06 粘完之后的效果。

07 再用细铁丝穿一颗珍珠。

08 将铁丝拧紧。

09 将三瓣花和珍珠用胶枪粘在一起。

10 以此方式将花瓣分层固定。

11 最后形成花朵的样式。

12 以同样的方式制作出另外几朵小花。

13 将花朵缠绕在几根细铁丝上，然后用纸包裹住细铁丝。

14 将纸的两端收紧，并固定在花朵下方。

注意事项： 在用打火机烫花的时候需注意，不要让火苗离布太近，否则会将布烫焦。应用打火机的热度将花瓣边缘烫卷曲，多尝试几次就可以找到合适的距离了。

新娘古典发钗制作技法

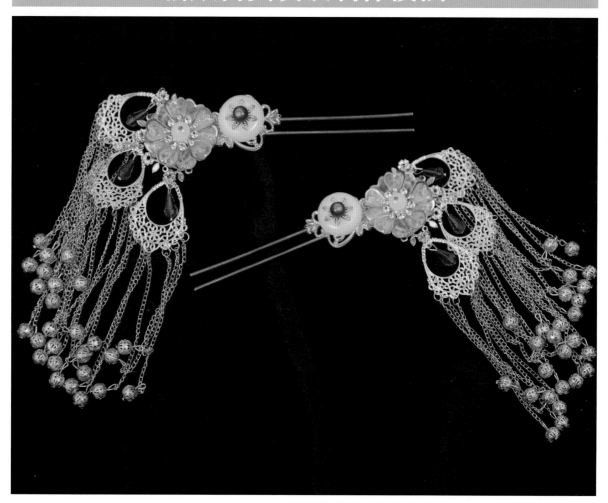

工具材料:

发钗、铜片辅料、铁丝、仿玉配件、各种珠子、细铜链、钳子。

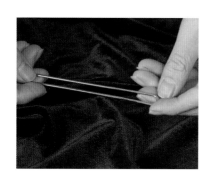

01 取一根发钗。

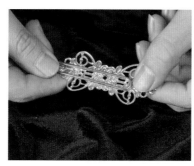

02 在发钗下方放置一片基底铜片。

03 在发钗上方放置一片相同样式的基底铜片。

04 将铁丝穿过基底铜片的空隙。

05 用钳子将铁丝拧紧，将铜片固定在发钗上。

06 在铜片上放置一个圆形仿玉配件。

07 在仿玉配件上方放置一片花瓣形铜片。

08 在铜片上方放置一颗珠子，然后将铁丝从珠子的孔中穿过。

09 在背面将铁丝拧紧。

10 将铁丝拧出弯度并进行固定。

11 将一片花形铜片放置在基底铜片上。

12 将一片五瓣花铜片放在上边。

13 在其上方放置一片花蕊铜片。

14 在上方放置一颗珠子，然后将铁丝穿过珠子一直顺着空隙穿过基底铜片。

15 在背面将铁丝拧紧。

16 将铁丝拧出弯度，使其固定得更加牢固。

17 将一根铁丝穿在镂空铜珠上，并在没有压平的一端用钳子打环。

18 将细铜链和铜珠固定在一起。采用同样的方式多制作几个。

19 将细铜链的另一端固定在类菱形铜片上。

20 将其他几条细铜链固定在类菱形铜片上。

21 用铁丝穿过水滴形珠子，并在没有压平的一端用钳子打环。

22 将水滴形珠子和类菱形铜片固定在一起。

23 采用相同的手法制作出另外两个流苏配件。

24 将3条流苏配件分别用铁丝与发钗固定在一起。

25 完成后的效果。

注意事项： 这款饰品用铁丝固定的点比较多，要注意固定的牢固程度。发钗的基底铜片一定要固定牢固，否则饰品会很容易散架，并且造型感不好。

03

新娘复古礼帽制作技法

工具材料：

帽楦、西纳梅麻、剪刀、水、钉子、蒸汽熨斗、针线、婚纱鱼骨、蕾丝布、蕾丝花边、绢花配饰、整理箱、胶枪。

01 准备好帽楦。

02 准备西纳梅麻并将其折叠3层，将帽楦置于其上。

03 根据帽顶和帽底的大小分别裁出面积合适的西纳梅麻。

04 将西纳梅麻放到整理箱中，用水浸透。

05 用钉子将帽顶帽楦和西纳梅麻固定在一起。

06 帽底采用相同的手法处理。

07 用蒸汽熨斗将西纳梅麻适当熨平，放置几个小时，让西纳梅麻自然晾干。

08 用剪刀将帽底上方的西纳梅麻剪成多个三角形。

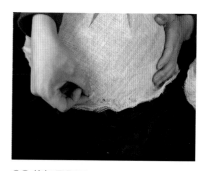

09 将钉子取下。

10 将帽顶帽楦周围的钉子取下，然后放置在帽底帽楦上。

11 将帽底帽楦和帽顶帽楦套在一起。

12 把西纳梅麻形成的帽形整体取下来。用针线将其缝合在一起。

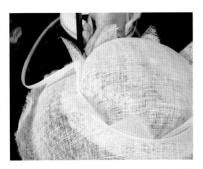

13 根据帽顶和帽底边缘大小分别裁剪出长度合适的婚纱鱼骨。

14 用胶枪将帽顶边缘的婚纱鱼骨粘牢固。

15 用胶枪粘帽底的婚纱鱼骨，然后分几个点用针线将其和帽子边缘固定在一起。

16 将婚纱鱼骨缝好。

17 将多余的西纳梅麻剪掉。

18 根据帽子形状剪多片蕾丝布。

19 将蕾丝布缝合在一起并套在帽子上。

20 在帽顶和帽底相接处缝一圈蕾丝花边，以隐藏粗糙的麻边。

21 将装饰用的绢花配饰缝在帽子上。

注意事项： 在将西纳梅麻与帽楦用钉子固定在一起的时候，要使其够伏贴。这样在西纳梅麻的水分蒸发干净后，帽形才会更好。

新娘古典仿点翠钿子制作技法

工具材料:

金色铁丝、细铜丝、B7000胶水、白乳胶、钳子、胶枪、手工皱纹纸、硬纸板、剪刀、画线笔、黑布、针线、珍珠、金边、衔珠凤装饰。

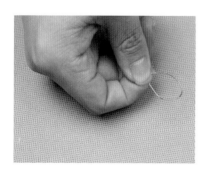

01 将金色铁丝弯成环形。

02 再弯4个环形，使弯好的金色铁丝组合成五瓣花的形状。

03 留出一段铁丝。

04 用细铜丝将花朵固定好。采用同样的手法做出多个金丝花朵。

05 用钳子处理花瓣,使其更加形象。

06 用B7000胶水将所有金丝花朵都粘在手工皱纹纸上。

07 粘好之后将每朵花所在的那块皱纹纸剪下来。

08 给每朵花刷上白乳胶。如果想让花上的纸更结实,可以刷胶后再粘一层手工皱纹纸。

09 待胶干后,用剪刀将每朵花按花形剪下来。

10 用钳子将所有金丝花朵上多余的那段铁丝剪断。并以此方式制作其余的仿点翠配饰。

11 根据钿子的大小在硬纸板上画出大小两个圆形。

12 用剪刀将大圆剪下来。

13 从大圆内部剪出小圆。

14 将纸板剪出上图所示的效果。

15 将硬纸板置于黑布上,沿硬纸板的边缘在黑布上画线。

16 用剪刀沿画好的线将黑布剪下来，注意在周围留出一定的余量。

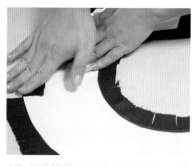

17 用胶枪将黑布粘在硬纸板上，并将余出的部分包裹硬纸板，粘在其另一面。

18 将硬纸板两头合拢并粘贴到一起，形成基座底部。

19 沿基座底部的大圈轮廓在硬纸板上画出圆形。

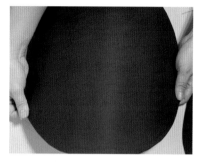

20 沿圆形将硬纸板剪下，表面用黑布覆盖并粘贴好，形成基座的面。

21 将基座的底部和面粘贴在一起。

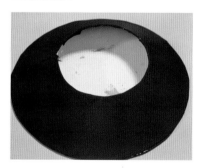

22 完成后的效果。

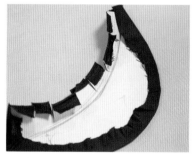

23 采用相同的手法制作一个帽遮。

24 将帽遮粘到基座上，局部可用针线缝合加固。在钿子边缘粘一圈金边。

25 在金边上方粘一圈珍珠，再点缀一些其他配饰。

26 用胶枪将衔珠凤装饰粘在钿子上。

27 用胶枪将做好的仿点翠花粘在钿子上。

注意事项： 花的骨架上保留一段铁丝可方便用细铜丝固定，也可让胶水干之前的操作有一个支撑点。注意硬纸板的大小和剪的角度，可以在实际操作中反复比较，以达到合适的效果。